KB111372

천재지변에서
살아남는
법

기후위기가 심화시킨 자연재해를 대하는
우리의 태도

천재지변에서 살아남는 법

남성현 지음

플루토

들어가며

기후위기는 자연재해를 심화시키고, 자연재해는 또 다른 자연재해를 불러온다

태풍, 쓰나미, 폭염, 홍수, 한파, 지진 등을 우리는 흔히 자연재해(천재지변)라고 합니다. 인간의 목숨과 재산 등에 피해를 주기 때문이죠. 우리에게 아무런 피해를 주지 않으면 자연현상이라고 할 뿐 자연재해라고 부르지는 않습니다. 그런데 자연재해는 오히려 우리에게 여러 유익한 혜택을 주기도 합니다. 이를 '자연 서비스 기능natural service function'이라고 하죠. 똑같은 자연현상을 자연재해로 만들 것인가 아니면 자연 서비스 기능으로 만들 것인가는 우리의 노력에 달려 있습니다.

자연재해 피해를 최소화하고 자연 서비스 기능이 주는 혜택을 최대한 누리려면 어떻게 해야 할까요? 지구 환경이 작동하는 과학적 원리를 알아내는 것이 그 출발점입니다. 여러분은 지구 환경의 자연과학적 작동 원리를 얼마나 알고 있나요? 먹고사는 문제와는 별로 관계없으니 알 필요가 없다고 생각할 수 있습니다. 그러나 기후위기가 날로 심각해지며 자연재해가 갈수록 심화하고 더는 이변이 아닐 정도로 일상화되고 있는데, 우리가 자연재해의 원인을 잘 모르고 제대로 대처할 수 있을까요?

과학자들은 지구 환경의 과학적 원리를 알아내기 위해 지구를 구성하는 하늘, 땅, 바다 곳곳에서 각종 환경 측정 데이터를 수집하거나 분석합니다. 또 수치 모델과 수치 모델의 시뮬레이션(모의 실험)을 통해 자연현상과 자연의 변화 과정을 연구하고 있죠. 수치 모델이란 대기 상태의 시간에 따른 변화를 나타내는 방정식을 바탕으로 수학적 방법을 적용해 미래의 대기 상태를 계산하는 수학적 모형입니다.

때로는 사람들이 쉽게 접근하기 어려운 첩첩산중이나 오지, 망망대해, 남극 등에서 관측 데이터를 수집하는 대규모 탐사에도 참여하죠. 어떤 과학자들은 태평양과 인도양 등 대양 한가운데의 심해에서 벌어지는 일을 알아내려고 한 달씩 연구선이라 불리는 배에서 생활하며 장기간 탐사를 합니다. 저도 이런 바다 탐사에 참여하고 있어요. 남극의 세종과학기지와 장보고과학기지에서도 매년 월동대원으로 선발된 과학자들이 다양한 연구 활동을 진행하고 있습니다. 이러한 활동은 육체적으로는 고되지만, 남들이 가 보지 않은 지구 곳곳을 탐사하며 아주 큰 보람을 느낄 수 있는 기회이기도 합니다.

자연재해가 가진 재해와 자연 서비스 기능이라는 두 가지 모습을 잘 이해하려면 다음 다섯 가지 개념을 알아야 합니다. 모든 자연재해를 파악하는 데 가장 기본이 되는 개념이죠.

첫째, 자연재해는 과학적 평가로 예측할 수 있습니다. 과학적으로 자연재해가 어떻게, 어디에서 발생했는지를 평가하면 앞으로 다가올 비슷한 재해를 예측할 수 있죠.

둘째, 자연재해의 피해 효과를 파악하려면 위험 분석이 중요합니다. 자연재해가 발생할 경우 어떤 피해를 입을지에 대한 위험 분석을 통해 재해 지도 등을 만들면 충분히 대비할 수 있습니다.

셋째, 자연재해와 물리적 환경, 그리고 서로 다른 자연재해 사이에는 밀접한 관련이 있습니다. 예를 들면 폭우는 산사태가 발생하기 쉬운 물리적 환경에서 더 큰 피해를 가져올 수 있습니다. 또 폭우로 인해 홍수와 산사태가 동시에 발생할 수 있다는 점에서 다른 자연재해와도 밀접한 관련이 있다는 것을 알 수 있죠.

넷째, 과거의 재난이 미래에는 더 큰 재앙이 될 수도 있습니다. 같은 재난이라도 환경적 요인이 바뀌었거나, 지금보다 기후변화가 심해질수록 피해는 더욱 커질 수밖에 없습니다.

다섯째, 자연재해 피해는 줄일 수 있습니다. 각종 연구와 실험, 사회적 대비책 마련 등 인간의 노력에 따라 얼마든지 피해를 줄일 수 있기에 가장 중요한 개념입니다.

《천재지변에서 살아남는 법》은 태풍, 쓰나미(지진해일), 폭염, 폭우와 홍수, 한파, 폭설, 지진, 화산, 산사태, 대기오염과 해양오염, 극지 빙하에 이르기까지 기후위기와 함께 나날이 심각해지는 자연재해를 소개합니다. 열두 가지 자연재해의 과학적 원리와 실제 사례를 소개하고 이러한 자연재해를 슬기롭게 극복할 대처법도 담았습니다.

자연재해를 극복하는 일은 기후위기와 함께 우리 인류에게 점점 더 중요한 문제가 될 것이 분명합니다. 그 대응을 위한 긴 여정에 이 책이 작은 보탬이나마 되기만을 바랍니다.

차례

1 태풍

열대 바다에서 만들어진 폭풍우

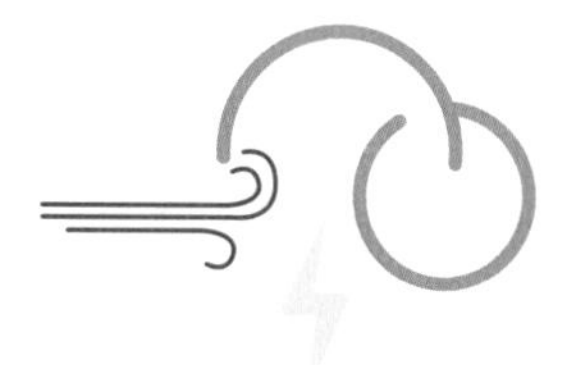

태풍은 우리에게 피해를 주는 자연재해가 분명하지만, 한편으로는 혜택을 주는 자연 서비스 기능도 있습니다. 태풍의 중심부에서 부는 강풍은 바닷물을 섞어, 깊은 바닷속 영양분을 바다 표층(표면 근처의 수십 미터 이내)에 공급해 주는 역할을 합니다. 그 덕택에 빛은 충분해도 영양분이 없어 광합성을 하지 못한 식물 플랑크톤이 광합성을 하며 번성하기 시작합니다. 광합성은 대기에 있는 이산화탄소를 흡수하고 대기에 산소를 공급해 주는 역할을 하죠. 바다의 식물 플랑크톤이 제공하는 산소량이 우리가 숨 쉬는 데 필요한 산소량의 절반이 넘는다고 해요. 지구의 허파는 아마존이 아니라 바다인 셈입니다. 이것이 태풍이 주는 혜택입니다.

그러나 자연은 자연재해도, 자연 서비스 기능도 의도하지 않습니다. 태풍은 강풍과 폭우를 함께 몰고 오는 것이 당연하고, 단지 그 길목에 우리가 살고 있기 때문에 피해를 받는 것뿐이죠. 태풍이 우리가 사는 곳에 언제 지나갈지, 지나갈 때 어떤 자연현상이 나타날지 미리 알고 대처하면 피해를 막을 수 있습니다. 그러려면 태풍이 무엇인지, 왜 발생하는지 과학적 원리를 알아야 합니다.

NASA

열대 바다에서 발생하는 태풍

앞의 사진은 미국항공우주국NASA이 2003년, 국제우주정거장에서 찍은 허리케인 이사벨입니다. 구름이 가득 덮여 있어 지표면은 보이지 않고 나선 모양의 구름 꼭대기만 보입니다. 가운데에 구름이 없고 구멍 뚫린 부분이 '태풍의 눈eye'이라고 불리는 곳이고요. 태풍의 눈 안은 바람이 없는 고요한 상태이나 그 주변에서 발생하는 강풍과 폭우가 사람들에게 큰 피해를 주죠.

허리케인hurricane, 사이클론cyclone, 태풍typhoon은 발생 지역에 따라 다르게 부를 뿐, 모두 같은 현상인 '열대 저기압'을 일컫는 말입니다. 아시아와 서태평양에서는 태풍, 인도양과 남태평양에서는 사이클론, 대서양과 동태평양에서는 허리케인이라고 부르죠.

태풍을 만드는 에너지원은 잠열(숨은열)로, 바닷물이 증발하여 생긴 수증기가 액체로 변하면서(응결) 빠져나오는 열이에요. 그래서 태풍은 바닷물의 온도가 높은 열대 바다에서 발생하고, 남극과 북극에 가까운 고위도나 육상에서는 만들어질 수 없습니다. 태풍이 차가운 바다 위를 지나거나 육상에 상륙하면 에너지를 잃고 급격하게 약해지니까요.

열대 바다에서 만들어진 태풍은 무역풍을 타고 서쪽으로 이

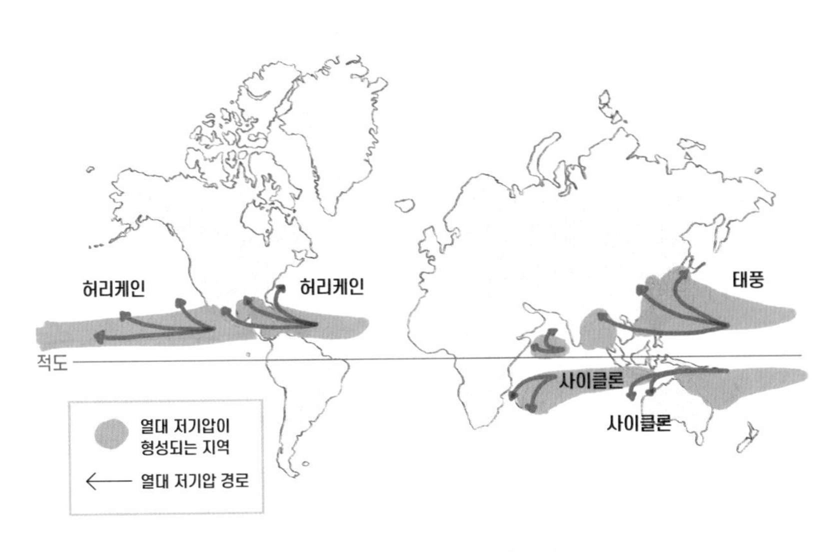

열대 저기압 현상이 발생하는 곳

동하다가 온대 기후 지역인 중위도 지방에 이르면 편서풍의 영향을 받아 다시 동쪽으로 이동합니다. 하지만 모든 태풍이 일정한 경로로 이동하는 것이 아니라 태풍마다 경로와 강도가 계속해서 변합니다. 때로는 바다로부터 많은 에너지를 얻어서 강해지기도 하고, 어떤 때에는 에너지를 뺏기면서 약해지기도 하죠. 따라서 피해를 줄이려면 발생하는 태풍이 가진 특성을 잘 파악하여 대비해야 합니다.

태풍의 구조와 특성

태풍의 중심에는 맑고 비바람이 없는 고요한 상태를 유지하는 눈이 있으며, 눈에서 조금 벗어나면 최대 풍속을 보일 정도의 강풍이 불면서 비가 많이 내립니다. 태풍의 눈은 태풍에서 기압이 가장 낮은 곳이고 강한 힘을 가진 태풍일수록 눈도 뚜렷합니다.

태풍은 지름 200킬로미터부터 2,000킬로미터까지 크기가 다양합니다. 태풍의 눈 주변에 적란운이 모인 구름 벽이 형성되고, 나선 모양의 구름 띠가 구름 벽으로 말려들어 가는 소용돌이 모양을 하고 있죠. 여러 개의 비구름 띠에서는 띠마다 각각 따뜻한 공기는 올라가고 차가운 공기는 내려가는 대류 현상이 나타나요.

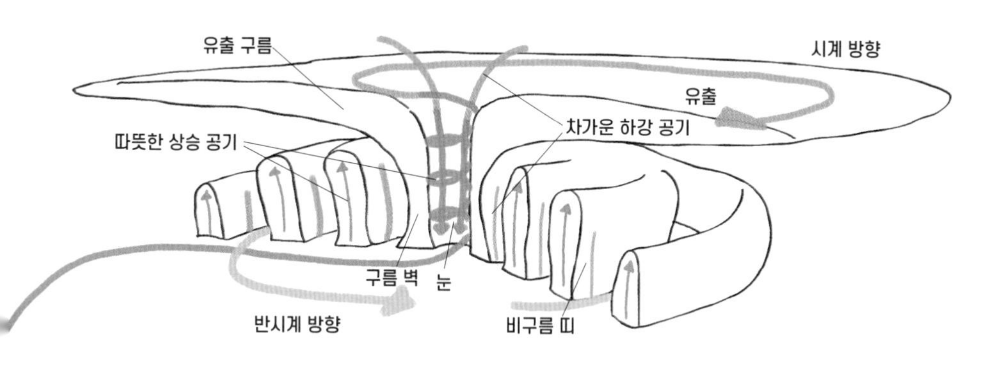

태풍의 구조

태풍의 중심 부근에는 10~20킬로미터에 이르는 키가 큰 구름이 형성되면서 많은 비를 뿌리고요.

이때 바람은 북반구에서는 반시계 방향으로, 남반구에서는 시계 방향으로 회전하면서 수평적으로는 중심으로 수렴하고 수직적으로는 높이 상승하는 상승기류를 형성합니다. 상승기류로 인해 적란운이 발달하고 꼭대기에 이르면 다시 북반구에서는 시계 방향, 남반구에서는 반시계 방향으로 회전하며 발산하는 구조를 가지죠. 그러면 태풍의 중심에서 가까운 40~100킬로미터 거리에서 최대 풍속을 가진 강풍이 나타납니다.

중위도 지방에서는 태풍이 이동할 때 편서풍의 영향을 받아 동쪽으로 움직입니다. 태풍의 중심을 기준으로 남동부에서는 배경 바람(편서풍, 서에서 동으로 부는 바람)과 태풍이 동반하는 바람(태풍의 남동부에서는 중심보다 서에서 동으로 부는 바람이 우세함)이 서로 보강하여 더 강한 바람을 일으키는데, 이를 위험 반원이라고 합니다. 반대로 태풍의 북서부에서는 편서풍과 태풍이 동반하는 바람(북서부에서는 중심보다 동에서 서로 부는 바람이 우세함)이 서로 상쇄하므로 바람이 약해지면서 수증기가 정체되고 비가 많이 오는 구역이 되는데, 그곳을 가항 반원이라고 하고요.

태풍은 어떻게 구분할까요? 태풍은 중심 부근에 나타나는 최

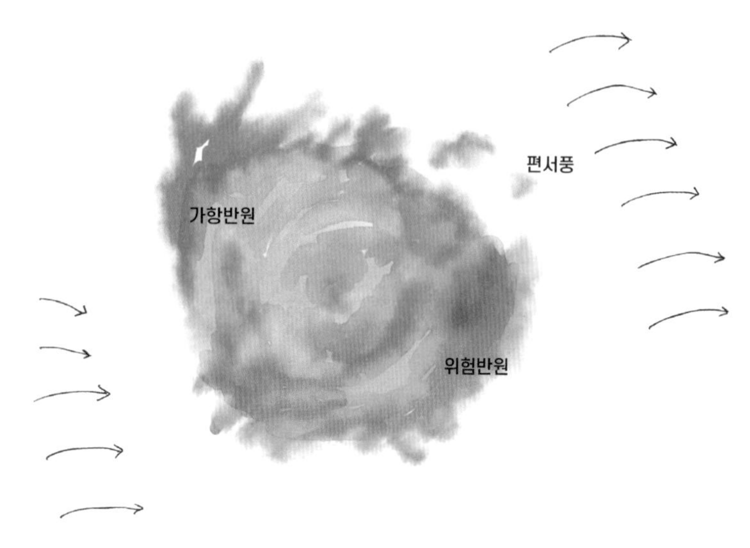

위험 반원과 가항 반원

대 풍속의 강도에 따라 구분합니다. UN 세계기상기구와 미국 국립허리케인센터에서는 최대 풍속이 초속 33미터 이상일 때 허리케인으로 분류합니다. 초속 33미터는 달리는 트럭이 뒤집힐 정도로 매우 강한 바람이죠. 초속 17미터 미만은 열대 저압부, 초속 17~32미터는 열대 폭풍으로 구분합니다. 그 이상 강한 태풍인 허리케인은 사피어-심프슨 스케일Saffir-Simpson scale에 따라 1등급(초속 33~42미터), 2등급(초속 43~49미터), 3등급(초속 50~58미터), 4등급(초속 59~70미터), 5등급(초속 71미터 이상)의 다섯 단계로 나눕니다.

반면 우리나라와 일본은 전통적으로 초속 17미터가 넘으면 태풍으로 분류합니다. 우리나라는 원래 강도에 따라 태풍의 등급을 약한 태풍(초속 17~25미터), 중간 태풍(초속 25~33미터), 강한 태풍(초속 33~44미터), 매우 강한 태풍(초속 44~54미터)의 네 단계로 나누었습니다. 그러다 2020년부터는 약한 태풍을 없애고 초강력 태풍(초속 54미터 이상) 등급을 새로 만들었죠. 기후가 변화하며 지구온난화(지구가열화)로 인해 바닷물의 수온이 점점 상승하고 있기 때문입니다. 태풍에 공급할 수 있는 에너지원이 점점 커지고 있어 미래에는 더 강력한 태풍이 많아질 거예요.

태풍이 영향을 미치는 반경의 크기를 기준으로 태풍을 구분하기도 합니다. 초속 15미터의 풍속이 부는 강풍 반경이 300킬로미터 미만이면 소형, 300~500킬로미터이면 중형, 500~800킬로미터이면 대형, 800킬로미터 이상이면 초대형으로 구분해요. 2020년부터는 크기로 구분하는 대신 강풍 반경과 폭풍 반경(초속 25미터의 풍속이 부는 반경) 정보를 제공하고 있습니다. 태풍의 영향권이 넓다고 해서 무조건 강한 태풍이 아니라 강한 소형 태풍, 약한 대형 태풍도 존재할 수 있습니다. 즉 태풍의 강도와 크기는 다른 기준입니다.

태풍은 어떤 피해를 줄까

해마다 태평양에서는 평균 26개의 태풍이 발생합니다. 그 가운데 우리나라에 영향을 주는 태풍은 연평균 3개 정도이며 주로 7월부터 9월에 나타납니다. 어떤 해는 더 많은 태풍의 영향을 받기도 하고, 어떤 해는 이전보다 태풍의 영향을 덜 받거나 받지 않기도 해서 해에 따른 차이가 매우 크죠. 그러나 앞으로 계속 바다의 수온이 올라가는 만큼 바다에서 에너지를 얻는 태풍이 발생하는 지역은 더 넓어지고, 그 힘도 더욱 강해질 겁니다.

태풍이 육상에 상륙할 때 생기는 피해는 크게 두 가지로, 하나는 강풍 피해이고 다른 하나는 폭우 피해입니다. 태풍은 에너지 자체가 매우 큰 현상이에요. 바닷물이 증발하여 수증기가 응결해서 태풍에 공급하는 에너지의 크기는 제2차 세계대전 당시 일본에 떨어뜨린 원자폭탄과 비교했을 때, 원자폭탄 1만 개가 폭발하는 정도입니다.

이처럼 강력한 에너지를 가진 태풍의 중심 부근에 있는 곳은 강풍이 불면서 간판과 표지판이 다 날아가고 심하면 건물이 무너집니다. 전기와 통신이 끊어지기도 하고요. 또 비가 많이 내리면서 하천이 넘치고 도로와 다리가 떠내려가 사라지거나 집이 잠기는 등 많은 침수 피해가 발생하죠. 도시라고 해서 결코 안전하진 않습니다.

태풍이 발생할 때 나타나 우리에게 피해를 주는 또 다른 현상이 있습니다. 바다 위에 강한 바람이 불면서 점점 파도가 높아지는 현상인 풍랑이 나타납니다. 풍랑은 그 자리에만 머물러 있지 않고 멀리 퍼져 나가 바람이 불지 않는 아주 먼바다까지도 출렁거립니다. 이 현상을 너울이라고 해요. 너울은 전파 속도가 태풍의 진행 속도보다 2~4배 정도 빠르므로 태풍이 상륙하기 전에 먼저 찾아오기도 합니다. 그래서 해상에서는 높은 파도에 사람이나 배가 휩쓸리지 않도록 반드시 풍랑과 너울에 대한 대비를 미리 해야 하죠.

태풍으로 생기는 또 다른 현상에는 해안에서 해수면이 급격히 높아지는 폭풍해일도 있습니다. 폭풍해일은 태풍의 저기압 때문에 발생하는데, 기압이 높으면 해수면을 누르는 힘이 강하고 기압이 낮으면 해수면을 누르는 힘이 그만큼 약해집니다. 태풍의 세기를 나타내는 단위는 파스칼Pa입니다. 1파스칼은 1제곱미터당 1뉴턴N의 힘이 작용하는 것을 의미해요. 그런데 태풍의 규모와 압력이 워낙 커서 100배를 뜻하는 '헥토hecto'를 붙여 헥토파스칼hPa을 사용합니다. 보통 기압이 1헥토파스칼 낮아지면 해수면이 1센티미터가량 올라가죠. 대기의 표준 기압은 1013.25헥토파스칼로, 만약 태풍의 중심 기압이 970헥토파스칼이면 표준 기압이 다른 곳보다 43헥토파스칼가량 낮아진 겁니다. 따라서 해수면은 43센티미터가량 올라갑니다.

태풍이 언제 상륙하느냐에 따라 폭풍해일의 피해가 클 수도 있고 작을 수도 있습니다. 같은 규모의 저기압, 같은 높이의 해일이라고 해도 밀물이 가장 꽉 차게 들어오는 만조일 때 태풍이 상륙하면 그 피해가 더욱 커집니다.

우리나라를 덮친 2000년대 주요 태풍

2002년 태풍 루사

2002년 8월 태풍 루사가 한반도에 상륙했습니다. 말레이시아어로 사슴을 뜻하는 루사는 수온이 높은 열대 북서태평양 해상(괌 북동쪽 해상)에서 에너지를 얻어 만들어졌어요. 무역풍의 영향을 받아 서쪽으로 치우치며 북쪽으로 올라오다가 강도가 점점 세지면서 8월 25일경부터 초속 33미터가 넘는 바람이 불기 시작했습니다. 편서풍이 우세한 중위도에 근접하던 루사는 8월 30일경 동쪽으로 경로를 바꾸면서 제주도 동부를 지나게 됩니다. 제주도

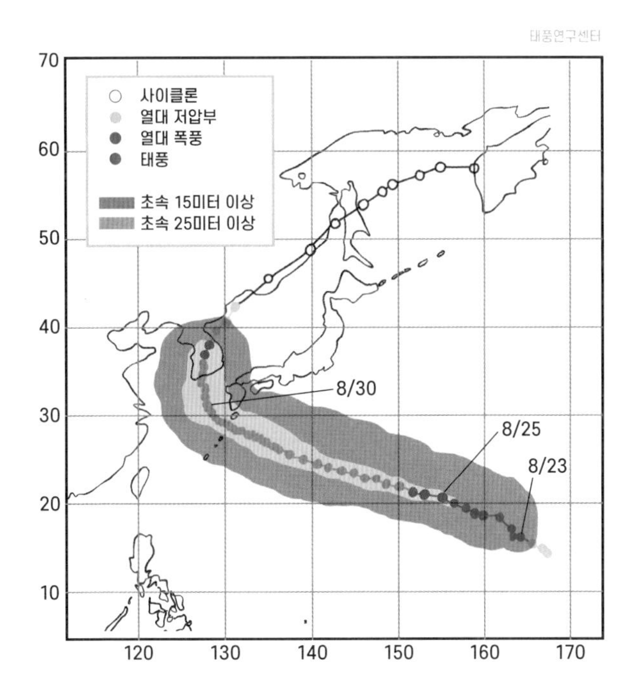

2002년 8월 22~9월 3일 태풍 루사의 경로

동부 바다의 상층은 따뜻한 바닷물이 아주 두터운 곳입니다. 태풍이 몰고 온 강풍이 아무리 바닷물을 섞어도 따뜻한 물끼리 섞이는 것이어서 수온이 낮아지지 않죠. 제주도 바다에서 더 많은 에너지를 얻어 강력해진 루사는 남해안의 고흥반도 부근에 상륙하면서 우리나라에도 큰 피해를 주었습니다.

더욱이 8월 말부터 9월 초는 북서태평양의 수온이 가장 높은

순위	태풍 번호	태풍 이름	하루 최대 강수량	관측 연/월/일	관측 장소
1위	0215	루사	870.5mm	2002/8/31	강릉
2위	8118	아그네스	574.4mm	1981/9/2	장흥
3위	9809	예니	516.4mm	1998/9/30	포항
4위	9112	글래디스	439.0mm	1991/8/23	부산
5위	0711	나리	420.0mm	2007/9/16	제주
6위	0314	매미	410.0mm	2003/9/12	남해

역대 하루 최대 강수량을 기록한 태풍

시기입니다. 루사는 열대 바다에 있는 습도가 높은 기단으로부터 증발한 풍부한 수증기를 한반도에 가져와 많은 비를 뿌렸어요. 북쪽의 차가운 공기와 남쪽의 따뜻한 공기가 만나면서 불안정해진 대기는 구름을 더욱 활발하게 만들었고, 여기에 강릉을 비롯한 영동 지방은 태백산맥이 뻗어 있는 지형적 특성까지 더해져 다른 곳보다 심한 폭우가 내렸습니다. 루사와 함께 온 동풍이 태백산맥을 타고 상승기류를 강하게 했고 구름이 많아지면서 더 많은 비를 뿌린 거죠. 위의 표에서 알 수 있듯이 루사로 인한 강릉의 하루 최대 강수량은 870.5밀리미터로, 역대 태풍 중에서 가장 많은 하루 최대 강수량을 기록했습니다. 1년간 내려야 할 비의 대부분이 단 하루에 내린 셈이죠.

2003년 태풍 매미

다음 해인 2003년 9월에는 태풍 매미가 발생합니다. 9월은 우리나라에서 태풍의 피해가 가장 큰 달이기도 해요. 매미도 루사와 마찬가지로 열대 북서태평양에서 발생했고, 제주도 동부를 지나 남해안에 상륙하면서 큰 피해를 주었습니다.

풍속을 10분 간격으로 측정할 때의 최대 수치를 '최대 풍속', 1분 간격으로 측정할 때의 최대 수치를 '최대 순간 풍속'으로 구분하는데, 매미는 최대 풍속과 최대 순간 풍속 모두 역대 최고를 기록했어요. 매미의 최대 순간 풍속은 초속 60미터로 알려져 있으나 실제로는 그 이상이라고 추정합니다. 매미가 발생한 당시 사용하던 풍속계가 측정할 수 있는 최대 풍속이 초속 60미터였기 때문에 더 강한 바람도 초속 60미터로 기록할 수밖에 없었거든요. 이를 계기로 그 뒤부터 초속 80미터까지 기록할 수 있는 풍속계를 사용하기 시작합니다.

매미는 강한 바람뿐만 아니라 폭풍해일까지 동반했습니다. 심지어 태풍이 상륙했던 시기가 만조 때여서 해수면이 크게 높아지고, 바닷물이 넘쳐 내륙으로 흘러든 탓에 해당 지역 주민들은 큰 침수 피해를 겪었습니다. 100명 이상의 사망자와 실종자가 생겼고, 4,000세대, 1만 명 이상의 이재민이 발생했죠. 재산 피해액과 피해 복구액은 10조 원 이상이었고요. 그 가운데서도 특히 위험 반원에 해당하는 경상남도 지방의 피해가 가장 컸습니다. 마산에서는 어느 지하 노래방에 갇혔던 사람들이 모두 익사하는 안타까운 사고가 일어나기도 했어요.

2018년 태풍 솔릭

비교적 최근인 2018년 발생한 태풍 솔릭은 어땠을까요? 솔릭은 루사나 매미와는 좀 다른 경로를 보였습니다. 2018년에는 19호 태풍 솔릭과 20호 태풍 시마론이 동시에 발생하면서 이동 경로에 서로 영향을 주었거든요. 이처럼 가까이 있는 두 태풍이 서로 이동 경로나 속도에 영향을 주고받는 현상을 '후지와라 효과'라고 합니다. 솔릭은 시마론의 영향으로 해상에서 천천히 이동하면서 바다로부터 더 많은 에너지를 공급받았고, 힘이 점점 세져 갔습니다.

당시 여러 전문가를 비롯하여 기상청에서는 솔릭이 굉장히 강한 태풍으로 발달한 뒤 한반도에 상륙할 거라고 예측했습니다. 솔릭의 위험성을 경고하는 뉴스가 계속 나오고 휴교령을 내려 달라는 청와대 국민청원이 등장하는 등 우려의 목소리가 높아지자, 각 지방 교육청과 교육부에서 전국 7,000여 개 학교의 휴교를 결

태풍연구센터

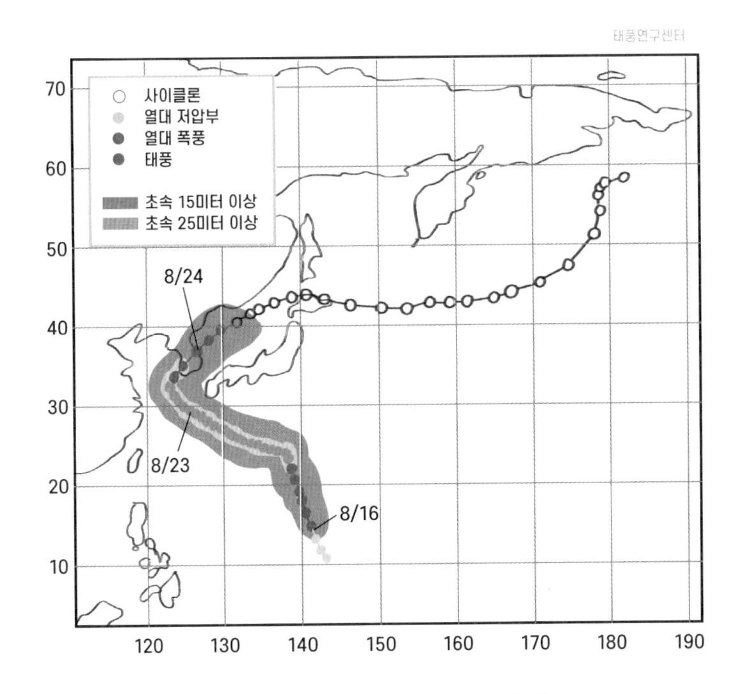

2018년 8월 15~30일 태풍 솔릭의 경로

정할 정도였죠. 그런데 실제로 솔릭은 한반도를 통과하면서 전라남도와 제주도에만 약간의 피해를 입혔을 뿐, 비교적 조용히 지나갔습니다. 솔릭이 한반도에 상륙하기 직전 이례적으로 급격히 힘이 약해졌거든요. 그로 인해 역대급 허풍, 일기 예능, 솔레발 같은 신조어가 유행하고, 기상청은 오보청, 구라청이라는 조롱을 받으며 큰 곤혹을 치르기도 했죠.

태풍에 대비하는 노력

우리가 자연현상을 예측할 때는 어느 정도 불확실하다는 걸 전제로 합니다. 미래에 일어날 자연현상을 늘 100퍼센트 정확하게 예보하는 것은 불가능하니까요. 사실 지난 20여 년 동안 기상 예보에서 태풍의 경로 오차는 100킬로미터 이내로 줄었으며, 이는 선진국 수준의 오차 범위입니다. 100킬로미터 정도의 경로 오차가 미국에서는 플로리다주의 동쪽에서 서쪽까지의 거리입니다. 예컨대 허리케인이 플로리다주에 상륙한다고 예보했을 때 플로리다주의 동쪽 끝이든 서쪽 끝이든 상륙만 하면 잘 맞은 예측이 되죠. 그런데 우리나라에서 100킬로미터 차이는 부산에 상륙할 태풍이 광주에 상륙한다는 것이어서 예측하기가 쉽지 않습니다. 우리나라 사람들은 태풍 경로가 조금만 어긋나도 많이 틀렸다고 느끼고, 경로 오차를 지금보다 더 줄여야 한다는 기대치도 높은 편입니다.

오늘날 과학 기술 수준에서 태풍의 경로 오차는 과거에 비해 많이 줄어든 반면 태풍 강도의 오차를 줄이기 위한 연구는 아직 더 필요합니다. 솔릭은 제주도 서쪽으로 오면서 바다와의 상호작용으로 강도가 갑자기 약해진 사례입니다. 제주도 서쪽 바다의 깊은 곳은 수온이 매우 낮고 아주 차가운 냉수가 흐릅니다. 여름에는 바다 표면이 가열되면서 표층 바닷물은 따뜻해지지만, 수십 미터만 내려가도 매우 차가운 바닷물로 채워져 있죠. 그런데 태풍으로 인한 강풍이 표층의 따뜻한 바닷물과 그 아래의 차가운 바닷물을 활발히 섞으면서 두 바닷물의 수온이 거의 같아지자 표층의 수온이 많이 떨어졌습니다. 아래는 수온이 올라갔고요. 차가운 바닷물에서 더 이상 에너지를 얻지 못하고 오히려 에너지를 빼앗기기 시작한 솔릭은 강도가 아주 가파르게 약해질 수밖에 없었습니다.

이처럼 앞으로 태풍의 강도 오차를 줄여 정확한 태풍 강도를 예측하려면 태풍과 바다의 상호 작용에 대한 깊은 연구를 진행해야 합니다.

태풍에서 살아남기 위해 기억해야 할 다섯 가지 기본 개념

첫째, 자연재해는 과학적 평가로 예측할 수 있습니다. 언제 들이닥칠지 모르는 것이 아니라 과학적 분석을 통해 시기와 피해 정도를 예측할 수 있다는 말이죠. 태풍이 한반도에 상륙하기 수일 전에 어느 경로로 언제, 어디를 통과할지 예측할 수 있는 이유는 과학적 분석과 평가를 통해 시시각각 변화하는 태풍의 중심 위치를 추적하고, 수치 모델을 통해 경로와 강도 변화를 예측하기 때문입니다.

둘째, 자연재해의 피해 효과를 파악하기 위해서는 위험 분석이 중요합니다. 과학적 평가를 통해 태풍 발생 상황과 이동 경로, 강도 등을 예측한 뒤 어떤 태풍이 한반도에 상륙하여 큰 피해를 주고, 어떤 태풍이 한반도에 영향을 주지 않는지 위험을 분석해야 합니다. 태풍에 대비하는 능력을 기르는 데 아주 중요하죠.

셋째, 자연재해와 물리적 환경, 그리고 서로 다른 재해 사이에는 밀접한 관련이 있습니다. 태풍의 영향은 물리적 환경에 따라 달라질 수 있습니다. 태풍이 동반하는 폭우가 산사태에 취약한 곳에 내리면, 산사태에 취약하지 않은 곳보다 훨씬 큰 피해를 가져올 거예요. 또 서로 다른 재해가 어떻게 연결되어 있는지도 생각해 보아야 합니다. 태풍이 몰고 온 폭우와 폭풍해일이 겹쳐 침수 피해가 더 심해질 수 있고, 산사태와 홍수 같은 재해가 동시에 일어날 수도 있으니까요.

넷째, 과거의 재난이 미래에는 더 큰 재앙이 될 수 있습니다. 자연재해

가 한 번 발생했다고 해서, 지나갔다고 해서 영영 사라진 것이 아니라 다음엔 더욱 센 재난이 되어 다시 올 수 있다는 것을 잊지 말아야 합니다. 루사가 2002년에 한반도를 강타한 바로 다음 해인 2003년에 매미가 다시 한반도를 덮쳐 큰 피해를 주었죠.

다섯째, 자연재해 피해는 줄일 수 있습니다. 자연재해는 그 특성을 과학적으로 잘 이해하고, 사회적으로 사전에 충분히 대비하면 얼마든지 피해를 줄일 수 있습니다. 태풍도 발생 위치, 발생 시점, 구조와 특성, 그리고 이동 경로와 강도 변화 등을 과학적으로 잘 이해하고, 철저히 대비하면 피해를 충분히 줄일 수 있죠. 실제로 우리나라도 과거에 비해 태풍 피해를 많이 줄여 나가고 있습니다.

기상청에서 태풍이 예보되었다면 텔레비전 뉴스, 라디오, 스마트폰 등으로 태풍이 언제, 어느 곳으로 오는지 미리 알아 두어야 해요. 특히 스마트폰에 '안전디딤돌' 애플리케이션을 설치해 두면 좋습니다. 긴급재난문자, 재난 뉴스 등을 알려 주고 위급한 상황이 닥치면 신고도 할 수 있습니다.

자주 물에 잠기는 지역이나 산사태가 일어날 위험이 있는 곳은 피하고 안전한 곳으로 대피합니다.

실내에 있을 때는 문과 창문을 닫고, 가능한 외출은 하지 말아야 합니다. 특히 창문이 깨질 수도 있으므로 창틈 주변을 테이프 등으로 단단히 막아 둡니다.

개울가, 하천 주변, 해안가 등 침수 위험 지역에서는 갑자기 물이 불어 급류에 휩쓸릴 수 있으니 절대 가까이 가지 않습니다.

만일 산과 계곡에서 등산이나 캠핑을 하고 있다면 계곡이나 비탈면 가까이 가지 말고 안전한 곳으로 대피합니다.

공사장에서는 건축 자재가 넘어질 수 있으니 공사장 근처에 가까이 가지 않습니다.

농촌에서는 비닐하우스 등을 미리 단단히 묶어 두고 배수로를 정비합니다. 태풍이 오면 논둑이나 물꼬를 점검한다는 이유로 나가지 않습니다.

정전이 될 경우를 대비하여 비상용 랜턴과 배터리, 양초와 라이터 등을 미리 준비해 둡니다.

하천이나 해변, 저지대에 주차된 차량은 안전한 곳으로 옮깁니다.

태풍이 지나가고 나면 집이나 집 주위에 피해를 입은 곳이 있는지 확인하고, 가까운 행정복지센터 등에 피해 내용을 신고합니다.

쓰나미

바닷속 지진이 일으킨 해일

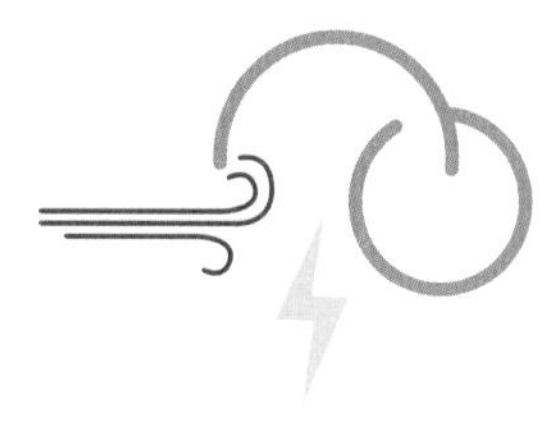

쓰나미tsunami는 해안을 덮치는 큰 파도를 뜻하는 일본어에서 유래했으며 지진해일이라고도 합니다. 지진해일은 우리에게 피해를 주기 때문에 자연재해라고 하지만 자연현상은 자연재해로서의 모습과 우리에게 혜택을 주는 자연 서비스 기능, 두 가지 얼굴을 가지고 있습니다. 이 두 가지 얼굴 중 어느 쪽으로 다가오게 될지는 우리에게 달린 것이지 자연의 의도가 아니에요. 단지 우리가 지진해일이 발생하기 쉬운 해안가에 살거나 서핑, 다이빙, 낚시 등 각종 레저 활동을 즐기다가 지진해일이 언제 어디로 들이닥칠지, 어떻게 대처해야 할지 잘 몰라서 피해를 겪는 거죠.

2004년 수십만 명의 인명 피해를 기록한 인도네시아 수마트라섬 지진해일이 일어났을 때 한 섬에서 열 살짜리 아이가 100여

명을 구한 사건이 있었습니다. 아이가 해안가에서 갑자기 바닷물이 빠져나가는 이상 징후를 발견하고 사람들을 모두 높은 곳으로 대피시킨 덕분에 이 섬에서만 피해자가 한 명도 나오지 않았다고 해요. 사람들을 구한 아이는 학교에서 배운 지진해일 교육이 큰 도움이 되었다고 말했죠. 바로 자연재해의 특성을 잘 알고 적정한 시간 안에 현명하게 대처하면 피해를 줄일 수 있다는 것을 보여 주는 대표적인 사례입니다.

바닷속 지진이 일으키는 지진해일

지진해일은 왜 발생할까요? 지진해일은 바닷속에서 발생한 지진이나 해저사태 등으로 해수면이 출렁거리면서 일어납니다. 바닷속에서 발생하는 지진도 육상에서 발생하는 지진처럼 해양 지각판과 대륙 지각판이 만나 작용하는 힘이 강한 곳에서 일어날 수 있습니다. 지각판에 작용하는 힘이 계속 쌓이다가 한꺼번에 폭발하면서 불이 뿜어져 나오거나 용암이 분출하는 거죠.

일정 규모 이상의 지진이 발생했던 곳들을 보면, 인도네시아 서쪽 수마트라섬과 자바섬을 포함해 모두 태평양 주변에 집중되어 있습니다. 이곳을 환태평양 조산대(환태평양 지진대), 흔히 '불의 고리'라고 부릅니다. 그렇다면 불의 고리에 있지 않은 우리나라는 지진해일로부터 안전할까요? 꼭 그렇지는 않습니다.

1983년 5월 26일, 일본 혼슈 서쪽 바다에서 아키타 지진해일이 발생했습니다. 이 지진해일은 발생한 지 두 시간 만에 우리나라 동해안까지 도달해 당시 화폐 가치로 3억 7,000여만 원 정도의 재산 피해를 입었으며, 사망자와 실종자도 발생했습니다. 그로부터 10년 후인 1993년, 홋카이도에서 발생한 지진해일 역시 울릉도를 비롯한 우리나라 동해안에 도달해 선박이 파손되는 등 4억여 원의 재산 피해를 입었죠. 자주 발생하지는 않지만 이처럼 우리나라도 지진해일로부터 결코 안전할 수 없다는 사실을 일깨워 주는 사례들입니다.

해저지진이나 해저사태가 일어나 한 번 출렁거린 해수면은 거대한 파동과 에너지의 형태로, 진원에서부터 멀리까지 전파되어 나갑니다. 그런데 파동이 전파할 때는 물 입자나 물질은 이동하지 않고 위상 정보와 에너지만 이동합니다. 다시 말해 파동이 한쪽에서 다른 쪽으로 이동할 때 물질 자체가 이동하는 것이 아니라 출렁이는 그 위상이 이동하는 거죠. 물질은 제자리에서 상하좌우로만 움직입니다. 진원에서 출발한 지진해일의 파동이 해안까지 도달하면 지진해일로 인해 해수면이 출렁이면서 무시무

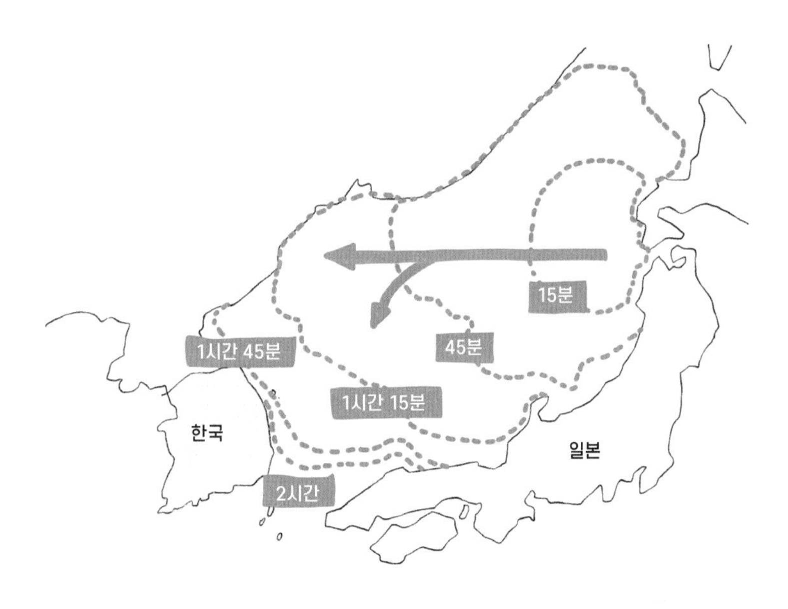

아키타 지진해일이 동해안에 도달한 시간

시한 파괴력을 가진 파도가 되죠.

지진해일이 만들어지는 심해에서는 해수면의 움직임이 크지 않아 오히려 심해에 있으면 지진해일을 거의 느끼지 못합니다. 그러나 지진해일이 한 번 만들어지고 나면 굉장히 빠르게 해안가로 전파됩니다. 해안가에서는 수심이 얕아지면서 물과 바닥과의 마찰이 심해져 전파 속도는 느려지지만 그만큼 에너지가 축적되어 진폭이 점점 커지고 파고(파도의 높이)가 높아지면서 수심이 얕은 연안에서 큰 피해가 발생해요. 해안선에 굴곡이 있거나 만과

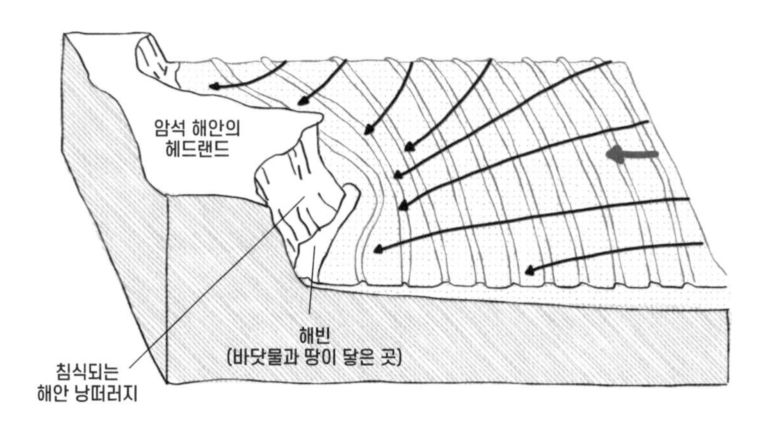

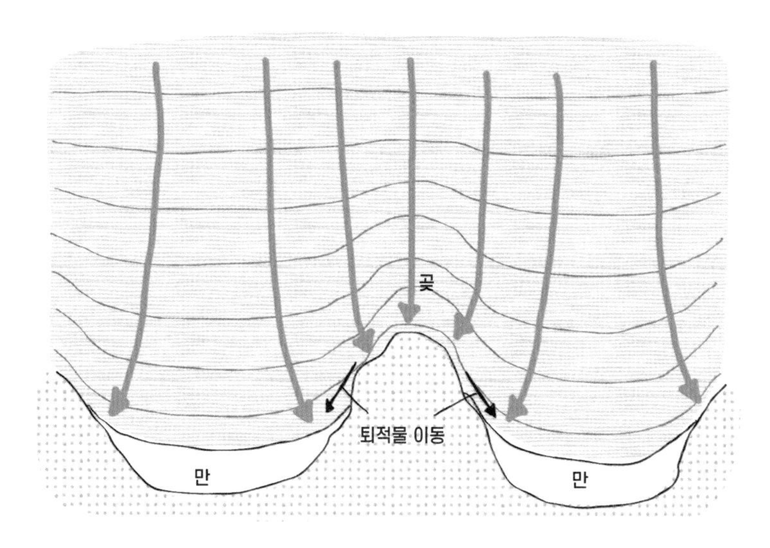

천해파의 굴절 형태

곶처럼 수심의 변화가 두드러지는 곳에서도 파고가 커질 수 있죠. 이처럼 연안의 여러 지형적인 구조에 따라 해수면이 일시적으로 최대한 높게 올라가는 처오름run-up 현상이 생기면서 피해가 더욱 커지게 됩니다.

지진해일 파동의 특성

해양의 파동은 크게 심해파와 천해파로 나눌 수 있습니다. 파장은 파동에서 같은 위상을 가진 두 점 사이의 거리입니다. 수심이 파장에 비해 깊은 경우를 심해파, 수심이 파장에 비해 얕은 경우를 천해파라고 하죠. 천해파는 수심이 깊은 쪽에서 빠르게 전파되고 얕은 쪽에서 느리게 전파되므로 수심이 얕은 쪽으로 굴절하는 특성이 있습니다. 해안의 지형은 불쑥 튀어나온 곶(헤드랜드 headland)과 움푹 들어간 만으로 이루어져 있죠. 해안에서 튀어나와 있는 곶쪽으로 파랑 에너지, 즉 잔물결과 큰 물결이 가진 에너지가 모여드는 것도 천해파가 굴절하기 때문입니다.

해상풍으로 만들어진 풍랑과 너울은 수심에 따라 심해파와 천해파의 특성을 모두 가지지만, 해저지진으로 만들어진 지진해일의 파동은 수심에서부터 수백 킬로미터에 달하는 매우 긴 파장을 가지므로 항상 천해파의 특성만 보입니다. 수심이 3,000~4,000미터 되는 심해라도 파장에 비해서는 깊지 않으니까요.

이처럼 지진해일 파동은 파장이 길어서 파고가 수 미터에서 수십미터까지 올라가도 거의 평탄하게 느껴집니다. 이 말은 파도가 수평으로 1만 미터를 이동해도 수직으로는 1미터를 오르내리는 것이어서 수직으로는 변화를 느낄 수 없다는 의미예요. 그래서 심해에서는 지진해일이 발생해서 파동이 통과하는 것을 알기 어렵습니다. 배를 타고 바다에 나갔다가 돌아와 보니 마을이 지진해일로 쑥대밭이 되는 일이 충분히 벌어질 수 있는 거죠. 실제로 어떤 사람이 스쿠버 다이빙을 하려고 바다에 들어갔다가 유속이 센 것 같아 육지로 돌아가려고 했으나, 지진해일이 덮쳐서 큰 피해가 생겼으니 오지 말라는 무전을 받은 일도 있습니다.

수심을 알면 지진해일 파동의 전파 속도를 정확하게 계산할 수 있습니다. 천해파의 전파 속도는 파장과 관련이 없고 수심의 제곱근에 비례하거든요. 수심이 6,000미터라면 지진해일 속도는 시속 800킬로미터로 거의 제트기 속도와 맞먹습니다. 매우 빠르게 전파되죠. 수심이 4,000미터면 시속 700킬로미터, 2,000미터 정도가 되면 시속 500킬로미터로 느려집니다. 수심이 500미터면 KTX 열차 속도인 시속 250킬로미터, 수심이 10미터면 사람이 전력 질주하는 속도인 시속 36킬로미터가 되고요. 지진해일 파동이 먼바다로부터 제트기와 같은 속도로 굉장히 빠르게 전파되다가 연안 가까이에서는 전파 속도가 크게 느려지면서 에너지가 모입니다. 이때 진폭이 커지고 매우 높은 파고로 인해 바닷물이 내륙으로 들이닥치면서 결국 심각한 피해를 주죠. 그래서 지진해일이 들이닥치고 있을 때 대피하기 시작하면 너무 늦습니다. 지진해일이 해안에 도달하기 전에 미리 알고 대피해야 생존률을 높일 수 있어요.

1960년 이후 주요 지진해일

미국 지질조사국의 지진해일 통계를 보면, 1960년 이후로 규모 9.0 이상의 지진해일이 세 번 발생했음을 알 수 있습니다. 1964년 알래스카 대지진, 2004년 인도네시아 수마트라 지진해일, 2011년 동일본(도호쿠) 대지진입니다.

1964년 미국 알래스카 지진해일

알래스카는 서로 다른 지각판이 만나는 경계에 있는 지역인 불의 고리에 있어 화산과 지진이 자주 일어납니다. 1964년 규모

9.2의 큰 해저지진이 일어나면서 갑자기 솟아오른 지각판이 바닷물을 수직으로 움직였고, 질량이 큰 바닷물을 들었다 놓으면서 엄청난 에너지가 만들어졌습니다. 이렇게 지진해일이 알래스카만 바다 한가운데에서 만들어진 뒤 그로부터 사방으로 멀리 전파됐습니다. 심지어는 태평양을 가로질러 남반구에까지 전파됐죠. 알래스카 대지진이 만든 지진해일의 파동은 처음에는 심해에서 제트기 속도로 빠르게 이동하다가, 태평양 주변의 수심이 얕아지는 연안에 이르러 전파 속도가 느려지고 파고는 높아져 해안가 곳곳에서 범람하며 피해를 주었습니다.

2004년 인도네시아 수마트라섬 지진해일

인도네시아 수마트라섬 지진해일은 2004년 12월 26일에 발생했습니다. 마침 크리스마스 다음 날이라 전 세계에서 모여든 관광객이 많았던 탓에 피해가 더욱 컸죠. 오전 8시경 지각판이 서로 만나는 수렴 경계에 균열이 생기면서 규모 9.1~9.3의 초대형 해저지진이 발생합니다.

당시 30킬로미터 깊이에서 해저지진이 발생하면서 큰 에너지가 분출되자 해수면이 높이 올라갔습니다. 이 해수면의 출렁임은 지진해일 파동 형태로 매우 멀리까지 전파됐습니다. 15분 만

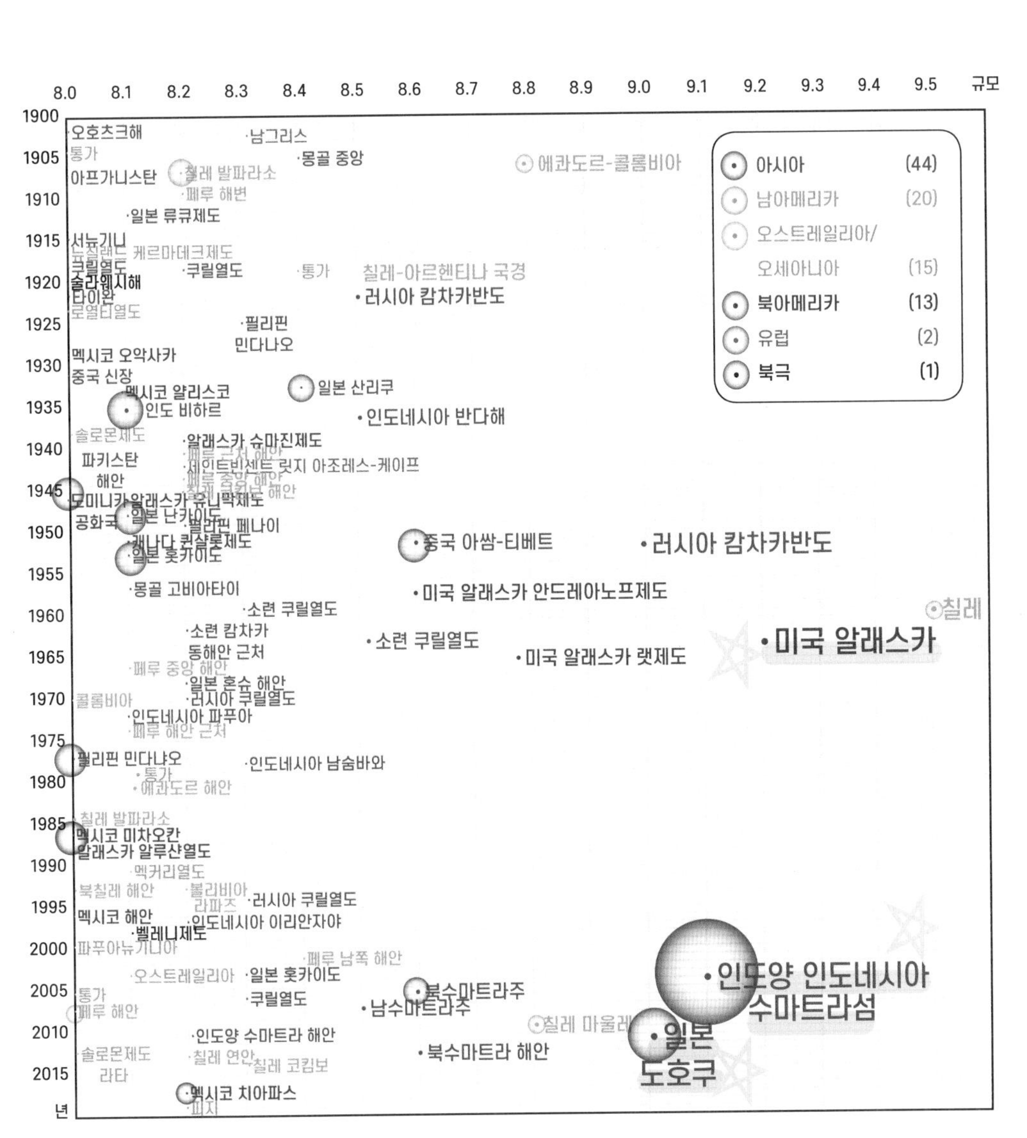

1900~2015년 지진해일 발생 상황

에 인도네시아 해안에 도착한 지진해일은 처오름 현상도 함께 나타나 인근 리조트 안까지 바닷물이 들이쳤고, 사망자와 실종자가 무려 16만 명에 이르는 인명 피해가 생겼어요. 당시 생존자들은 오랜 기간 트라우마에 시달리며 고통을 겪었습니다.

인도네시아뿐만 아니라 주변 국가인 말레이시아, 태국, 미얀마, 인도, 스리랑카, 몰디브를 비롯해 인도양 건너 동아프리카까지 덮친 수마트라섬 지진해일은 전체 사망자만 20만 명이 넘는 초대형 재해로 기록되었습니다.

2011년 일본 동일본 지진해일

수마트라섬 지진해일이 발생한 지 7년 뒤인 2011년 3월 11일, 일본 동일본(도호쿠) 앞바다 해저에서 규모 9.0~9.1의 지진이 발생하며 지진해일이 만들어집니다. 이 지진해일은 제2차 세계대전 당시 히로시마에 떨어진 원자폭탄의 6억 배에 달하는 에너지에 해당하는 높은 파고를 가지고 있었죠. 지진해일 파동이 전파하는 과정에서 바로 인접한 일본 동해안에는 에너지를 거의 잃지 않은 파도가 덮치면서 큰 피해를 주게 됩니다.

지진해일은 흔히 바다에서 보는 풍랑이나 너울처럼 약 5초 내외 주기로 오르락내리락하는 파동이 아니라, 수 분에서 수십

분 동안 수위가 올라갔다가 다시 수 분에서 수십 분 동안 계속 수위가 내려가는 매우 긴 주기를 가지고 있습니다. 풍파의 파장은 100미터 내외로 지진해일의 파장 50킬로미터 안팎에 비해 훨씬 짧습니다. 지진해일은 주기와 파장 모두 풍파에 비해 길어서 파장과 파고의 비율이 크고 가파른 경사를 가진 풍파와 달리 계속해서 바닷물이 밀고 들이닥치며 피해를 주죠. 이렇게 지진해일이 들이닥치면 다리나 축대 같은 구조물이나 자동차가 떠내려가고 집과 건물도 무너집니다. 동일본 지진해일의 영향으로 후쿠시마 원자력 발전소가 폭발하고, 방사능 오염수가 유출되어 현재까지도 전 세계적인 환경오염 문제가 남아 있을 정도입니다.

2018년 인도네시아 술라웨시섬 지진해일

2018년에는 인도네시아 술라웨시섬에서 지진해일이 발생했습니다. 2018년 9월 28일 오전에 술라웨시섬 북부 해안가에서 규모 6.1의 전진이 있었고, 10시 2분경 규모 7.5의 본진이 발생합니다. 본진이 발생하자 지진해일 경보가 발령되면서 많은 사람이 빠르게 대피했습니다. 하지만 4,000명 이상의 사망자와 실종자가 생기고, 우리 돈으로 약 1조여 원의 재산 피해가 발생하는 것을 막지는 못했어요. 당시 수천 명이 술라웨시섬의 도시인 팔루시 40주년 기념행사에 참여하기 위해 해안가에 모인 날이어서 인명 피해가 더욱 컸다고 하죠.

술라웨시섬 지진이 발생한 곳은 팔루-코로라는 단층 지역으로, 그림처럼 두 지각판이 수평으로 미끄러지면서 어긋나는 변환 단층 경계에 해당합니다. 위아래로 움직이기보다 옆으로 어긋나는 지역이라 지진해일이 발생해도 해수면이 그리 높게 출렁이지는 않을 것이라고 예측했죠. 그러나 지진해일의 상륙 시점이 하필이면 만조 때여서 지진해일이 도달하기도 전에 이미 해수면이 높아진 상태였고, 땅속 토양이 물 때문에 약해지는 토양 액상화 현상까지 더해지면서 피해가 늘었습니다.

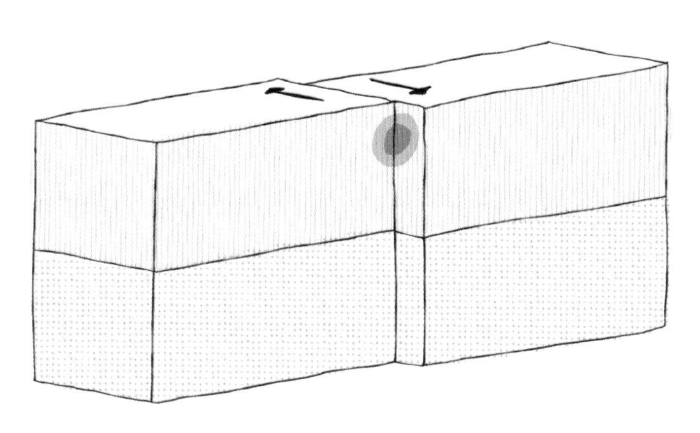

지각판이 수평으로 어긋나는 변환 단층 경계

인도네시아에서는 지난 2004년 수마트라섬 지진해일 피해를 겪은 뒤 조기 경보 시스템 같은 지진해일과 관련한 인프라를 새로 구축했습니다. 그러나 14년 동안 관리와 보수가 소홀했던 탓에 2018년 술라웨시섬 지진해일이 발생했을 때 피해를 줄이지 못한 영향도 컸죠.

지진해일에 대비하는 노력

지진해일은 최대한 빨리 감지하고 대피하는 것이 가장 중요합니다. 그러려면 연안 해역이나 해안가 부근뿐만 아니라 먼바다에서부터 지진해일을 관측해야 해요. 그래서 과학자들은 수마트라섬 지진해일을 겪고 난 뒤 해저의 압력, 즉 수압을 측정하는 장비인 다트 부이DART Buoy를 지진이 자주 발생하는 불의 고리 심해 곳곳에 설치해 두었습니다. 이 관측 장비에서 측정되는 수압을 감시하면서 지진해일의 전파를 최대한 일찍 파악하고 조기 경보를 발령해 미리 사람들을 대피시키는 데 사용하려는 거죠.

일본은 2011년 동일본 지진해일을 겪은 뒤 지진해일의 위험을 과소평가했던 잘못을 반성하고, 더 강력한 수준의 지진해일에 대비하고 있습니다. 상당히 많은 예산을 투입하여 해저 케이블 관

다트 부이 설치 지역

측 장비를 설치하고 실시간으로 심해의 수압을 모니터링하고 있어요. 먼바다에서 단지 몇 분이라도 빨리 지진해일을 감지하여 조기 경보를 내리려는 조치입니다. 뿐만 아니라 해안가 제방 시설도 이전보다 높은 수준으로 쌓는 지역이 늘어났습니다. 참사를 겪고 나서 더 철저하게 대비하게 된 거죠. 비록 많은 예산과 노력이 필요하지만 피해가 발생했을 때의 피해 규모를 생각하면 소 잃고 외양간 고치는 것보다는 훨씬 적은 비용이 드는 일 아닐까요?

우리나라 국립재난안전연구원에서도 지진해일 대응 시스템

을 만들어서 해일 위험 지역을 관리하고 있습니다. 동해안의 주요 인구 밀집 지역을 대상으로 지진해일 정보 데이터베이스를 구축했죠. 소방청에서는 지진해일 재해 지도를 만들고, 침수가 일어났을 때 대피할 수 있는 대피 시스템을 만들고 있습니다. 또한 기상청에서는 동해에서 일어날 수 있는 지진해일을 감시하기 위해 울릉도에 해일파고계를 설치해 운영하고 있습니다. 한반도 인근에서 발생하는 지진해일을 예측하는 데이터베이스를 운영해 신속한 정보를 제공하고 있고요.

지진해일에서 살아남기 위해 기억해야 할 다섯 가지 기본 개념

첫째, 자연재해는 과학적 평가로 예측할 수 있습니다. 해저지진이나 해저사태 등이 발생하는 경우 지진해일의 파동은 천해파 형태로 전파됩니다. 우리는 천해파의 전파 속도와 진폭 등을 계산하여 언제, 어디에서, 어떤 규모의 지진해일이 들이닥치게 될지 어느 정도 과학적으로 예측할 수 있습니다. 아무것도 모르고 있다가 고스란히 그 피해를 입기 전에 대비할 수 있죠.

둘째, 자연재해의 피해 효과를 파악하려면 위험 분석이 중요합니다. 해안 지역마다 지진해일이 덮칠 때 침수 피해를 입을 수 있는 위험 지역은 어느 곳이고, 처오름 현상이 많이 발생하는 위치는 어느 곳인지 등을 미리 분석하고 평가하여 위험도를 보여 주는 재해 지도를 만들어야 합니다.

셋째, 자연재해와 물리적 환경, 그리고 서로 다른 재해 사이에는 밀접한 관련이 있습니다. 2018년 인도네시아 술라웨시섬 지진해일 사례에서 찾아볼 수 있습니다. 당시 만조 때 지진해일이 덮쳐 침수 피해가 더욱 커졌던 걸 보면 밀물과 썰물이라는 물리적 환경이 중요한 조건이 되었죠. 또한 토양이 바닷물로 인해 약해지는 토양 액상화 현상으로 피해가 매우 커졌습니다.

넷째, 과거의 재난이 미래에는 더 큰 재앙이 될 수 있습니다. 2004년 수마트라섬 지진해일을 겪은 인도네시아가 2018년에 술라웨이섬 지진해일로 다시 큰 피해를 겪었죠. 14년간 지진해일에 대비하는 인프라 정비와 관리에 소홀했던 탓입니다. 미리 대비하지 않으면 같은 지진해일이라도 더 큰 피해

를 입을 수 있다는 경각심이 약해졌던 거죠.

다섯째, 자연재해 피해는 줄일 수 있습니다. 같은 규모의 지진해일을 겪어도 그 인명 피해와 재산 피해의 규모는 천차만별입니다. 사전에 피해를 줄이기 위한 방재(재해를 막는 일) 노력의 정도, 한 사회가 재난에 얼마나 대비하고 있는지가 모두 다르니까요.

지진해일이 발생하면 내가 있는 지역이 지진해일의 위험이 있는 지역인지 미리 확인해 두어야 합니다. 해안가에 있을 때 지진해일 특보가 발표되면 텔레비전, 라디오 등을 틀어 재난경보 안내 방송에 따라 행동해야 합니다.
지진해일주의보는 한반도 주변 지역 등에서 규모 7.0 이상의 해저지진이 일어나 해일이 발생할 우려가 있을 때 발표합니다. 지진해일경보는 한반도 주변 지역 등에서 규모 7.5 이상의 지진이 발생해 우리나라가 지진해일로 피해를 입을 수 있을 때 발표하고요.

해안가에 있을 때 지진을 느끼거나 지진해일 특보가 발표되었다면 지진해일 긴급 대피 장소나 높은 곳으로 대피합니다. 만일 피할 시간이 없다면 주변에 있는 철근 콘크리트로 된 튼튼한 건물의 3층 이상인 곳, 해발 고도 10미터 이상인 언덕이나 야산 등으로 대피합니다.

지진해일이 오기 전에는 해안의 바닷물이 갑자기 빠져나가거나, 기차와 같은 큰소리를 내면서 다가오기도 해요. 이러한 현상이 보이면 일단 높은 곳으로 대피합니다.

지진해일은 큰 파도가 한 번 온다고 끝나지 않습니다. 지진해일이 해안가에 도달하면 수 시간 동안 5~10분 간격으로 높은 파도가 계속 밀려오거든요. 그러니 지진해일 특보가 해제될 때까진 절대 낮은 곳으로 가지 말아야 합니다.

만약 지진해일이 왔을 때 선박 위에 있는데 시간적 여유가 있다면, 선박을 수심이 깊은 지역으로 옮깁니다. 선박에 대한 조치가 끝나면 함께 있던 사람들과 재빨리 높은 지대로 대피합니다. 단, 대양에서는 해일을 전혀 느끼지 못하므로 자신이 대양에 있고 지진해일 특보가 발령되었을 때는 항구로 돌아가지 않습니다.

지진해일 특보가 해제되면 위험한 곳은 없는지 확인한 뒤 안전에 유의하며 집으로 돌아갑니다.

폭염

일상을 방해하는 무더위

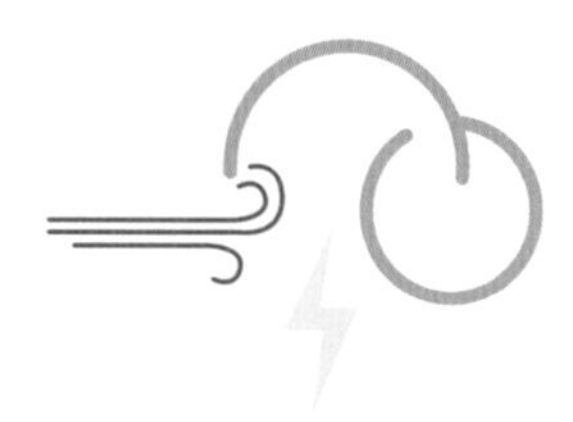

폭염暴炎은 한자로는 사나운 불꽃이라는 뜻이며, 순우리말로는 불볕더위, 무더위, 찜통더위, 가마솥더위라고 합니다. 흔히 사용하지는 않지만 폭서暴暑, 혹서酷暑, 맹서猛暑, 열파熱波, heatwaves 같은 표현도 있죠. 특히 최근에는 지구온난화로 육상뿐만 아니라 바닷물의 수온까지 매우 높아지는 해양 열파 현상도 점점 자주 나타나고 있습니다.

일상생활도 못 하는 맹렬한 더위

폭염은 일상생활을 제대로 하지 못할 정도의 높은 기온이 며칠 동안 지속되는 현상입니다. 세계기상기구에서는 1961년부터

1990년까지 30년 동안의 관측 자료를 기준으로, 평균 기온보다 5도 이상 높은 날이 5일 이상 지속되면 폭염이라고 규정합니다.

우리나라 소방청에서는 여러 자연재해 가운데 폭염을 가장 큰 기상재해로 꼽고 있습니다. 기록상 사망자 수가 가장 많기도 하지만, 무엇보다 태풍이나 해일처럼 눈에 보이는 징후가 없어 더 위험하기 때문이에요. 우리나라는 2018년 전까지만 해도 법적으로 폭염은 자연재해에 포함시키지 않았습니다. 그러나 갈수록 해마다 폭염으로 큰 피해가 발생하자 2018년 '재난 및 안전관리 기본법'을 개정하여 자연재해에 포함시켰죠.

기상청에서는 하루 최고 체감 온도가 섭씨 33도 이상인 상태가 이틀 이상 지속되면 폭염주의보를, 하루 최고 온도가 섭씨 35도 이상인 상태가 이틀 이상 지속되면 폭염경보를 발령합니다. 이전에는 폭염 특보 발령 기준을 하루 최고 기온으로 했다가 2020년부터 체감 온도로 바꾸었습니다. 요즘 우리나라의 기상 상태를 보면 적절한 조치였죠. 지구온난화로 기온과 더불어 습도까지 계속 오르면서 체감 온도도 과거에 비해 올라갈 확률이 높으니까요. 기후변화 탓에 폭염이 발생하는 빈도 역시 과거보다 2~6배까지 늘어난다고 보고 있어요.

다음 그래프를 보면 온도가 올라갈수록 1,000만 명당 폭염 사

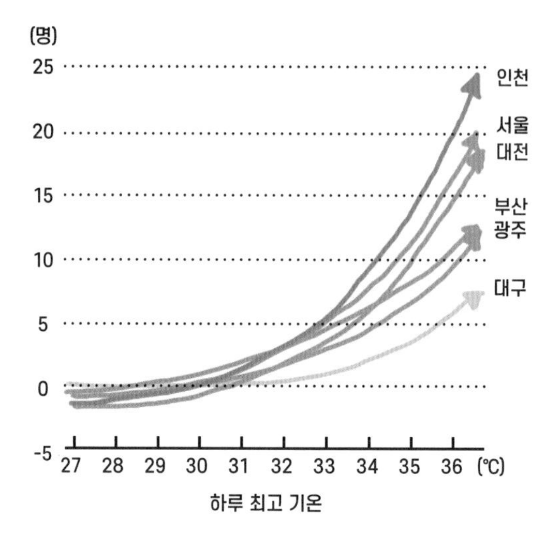

기온에 따른 도시별 폭염 사망자 수

망자 수가 확 늘어나는데, 증가하는 정도가 도시마다 확연히 다르다는 사실을 알 수 있습니다. 대구는 섭씨 35도까지 올라가도 폭염 사망자 수가 크게 늘지 않으나, 인천이나 서울 등 북쪽에 있는 도시는 섭씨 35도 정도 되면 폭염 사망자 수가 급격하게 늘어납니다. 그만큼 북쪽 지역의 사람들이 폭염에 덜 적응되어 있다는 뜻이죠.

이러한 결과는 사망자가 섭씨 33도를 넘으면서부터 생기기 시작하여 섭씨 35도가 넘으면 폭발적으로 늘어난다는 것을 보여 줍니다. 그래서 기상청에서 폭염 특보를 발령할 때 섭씨 33도와 섭씨 35도를 각각 폭염주의보, 폭염경보의 기준으로 삼은 거예요.

폭염을 일으키는 대기 대순환

폭염이 발생하는 원인을 알려면 우선 대기 대순환을 이해해야 합니다. 태양으로부터 지구에 전해지는 에너지는 주로 파장이 짧은 가시광선, 즉 단파 복사 에너지입니다. 위도에 따라서 단위 면적당 공급되는 열 에너지가 다르다 보니 저위도는 잘 가열되고 고위도는 잘 가열되지 않죠.

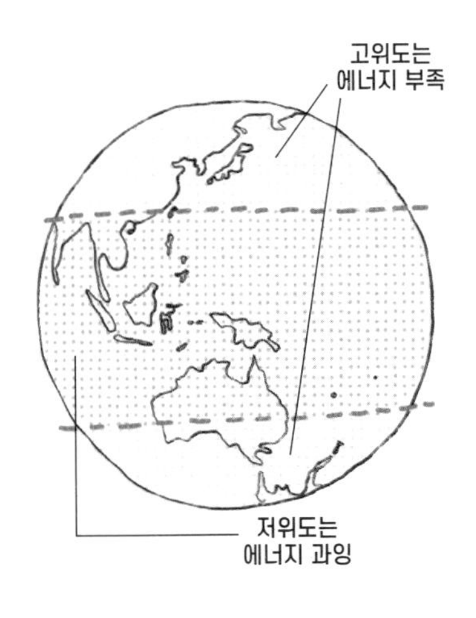

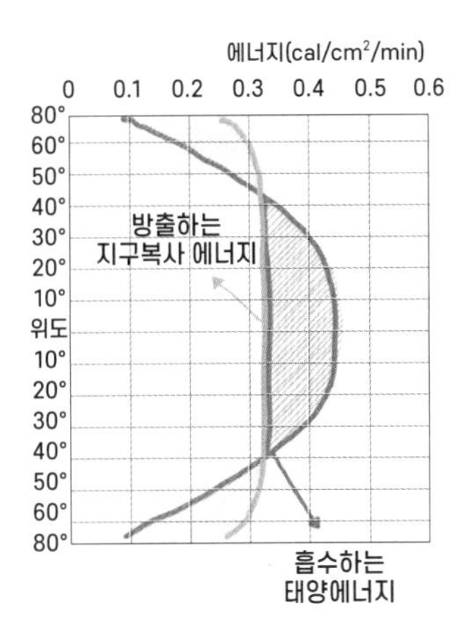

적도 부근의 저위도는 잘 가열되어 기온이 높아지면서 상승기류가 우세하고, 구름이 만들어져 많은 비를 뿌립니다. 이때 상공의 기온이 낮아져 상승한 공기가 냉각되면서 다시 하강하는 위치가 바로 북위 30도와 남위 30도 부근입니다. 이곳에서는 하강기류가 우세하여 맑고 비가 오지 않아 건조해지죠.

하강기류를 타고 하강한 대기는 지표면에서 무역풍에 의해 적도 쪽으로, 편서풍에 의해 고위도 쪽으로 흐릅니다. 편서풍을 타고 고위도 쪽으로 이동한 대기는 다시 북위 60도와 남위 60도 부근에서 상승기류를 타고 상승하며 비나 눈을 내리죠.

이처럼 북반구와 남반구에 각각 세 개의 대류셀convective cell(해들리셀, 페렐셀, 한대셀)이 형성됩니다. 그리고 지표면에서는 이들 사이에 무역풍, 편서풍, 편동풍이 불고 높은 상공에서는 강한 제

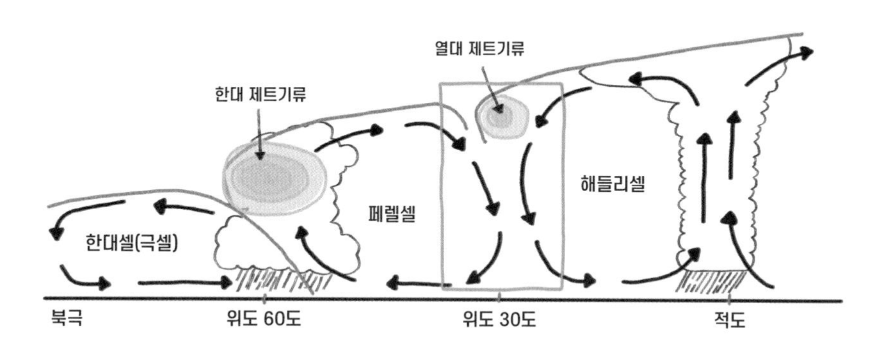

트기류가 흐르는 대기 대순환 구조를 이루고 있어요. 세 개의 대류셀에 관한 자세한 설명은 4장 폭우와 홍수 편에서 하겠습니다.

그런데 만약 해들리셀이 넓어지거나 위치가 이동한다면 어떤 현상이 생길까요? 적도에서는 상승기류가 흐르니까 구름이 만들어지고 비가 오겠지만, 고위도인 북위 30도와 남위 30도 부근에서는 하강기류가 우세한 영역이 넓어져 비가 잘 내리지 않으니 더워지는 면적도 넓어지겠죠. 실제로 지구온난화가 진행되면서 대기 순환의 변화와 함께 폭염이 잦아지고 있습니다.

계속 늘고 있는 폭염

지구의 기온이 계속 올라가면서 평균 기온만 올라가는 게 아

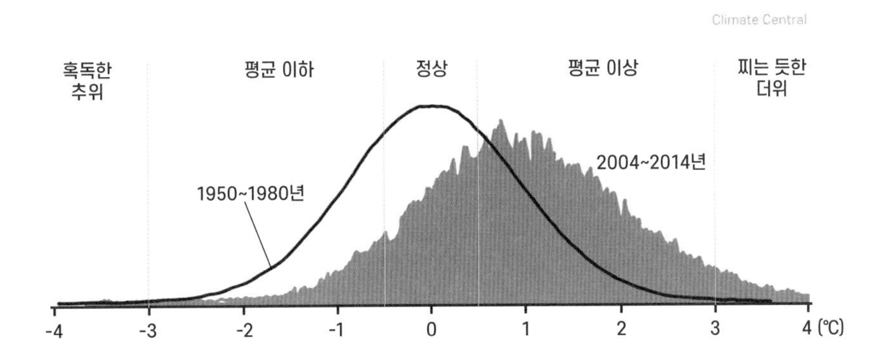

니라 아래 그래프와 같이 폭염이 나타나는 횟수도 늘고 있습니다. 비교적 최근인 2004년부터 2014년까지의 북반구 여름 평균 기온은 1951년부터 1980년까지의 기온에 비해 전체적으로 1도 정도 올라간 쪽에서 가장 높은 빈도가 나타납니다. 이러한 통계의 의미는 지구의 평균 온도가 올라갔기 때문에 평균 온도보다 섭씨 1도나 2도 높은 온도가 나타날 확률도 높아졌다는 거예요. 앞으로 폭염이 더 자주 발생할 수밖에 없습니다.

실제로 2000년대 들어서면서부터 지구 곳곳에서 폭염이 자주 나타나고 있습니다. 대표적으로 2003년과 2019년 유럽의 폭염을 예로 들 수 있어요. 2003년 8월, 섭씨 40도 넘는 무더위가 유럽을 강타해 프랑스, 독일, 스페인, 이탈리아 등 여덟 개국에서 7만 명 가까이 사망했습니다. 사망자들은 주로 집에서 혼자 생활하는 노인들이었습니다. 단기간에 너무 많은 사람이 사망한 나머지 수용 시설이 부족해 식당의 냉동 창고를 시신 안치실로 써야 할 정도였다고 해요. 정말 참혹한 상황이었죠.

2003년은 1540년 이후 유럽에서 가장 더운 여름이었다고 합니다. 그런데 2019년 7월 프랑스와 네덜란드의 일부 지역에서 섭씨 40도가 넘으면서 다시 기록이 깨집니다. 2019~2020년에는 호주에 수개월 동안 비가 잘 내리지 않아 매우 건조해지고, 심한 가뭄으로 인한 산불이 일어나 엄청난 피해를 주었죠. 지금은 유럽과 미국 동부 등 북반구 곳곳에서도 여름마다 섭씨 40도가 넘는 기온이 일상화되며 폭염이 나타나는 빈도가 아주 빨리 늘었습니다.

우리나라의 대표적 폭염

우리나라는 유럽보다 폭염으로부터 안전하다고 할 수 있을까요? 다음은 우리나라의 평균 기온 변화와 폭염 일수를 연도별로 기록한 표로, 1994년, 2016년, 2018년의 평균 기온이 다른 해에 비해 유난히 높다는 것을 알 수 있죠. 당시에는 폭염 일수도 길게 이어진 편이었습니다.

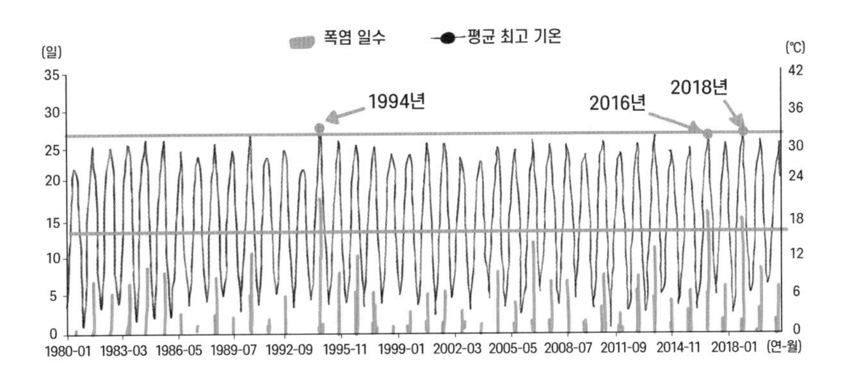

1994년 폭염

1994년 7월 전국 폭염 일수 분포도를 보면, 7월 한 달간 20일 이상 폭염이 지속된 곳(빨간색)은 주로 내륙 지역이었습니다. 8월이 되자 폭염 일수는 조금 줄었지만 대구 인근 지역은 여전히 20일 이상의 폭염 일수를 유지했죠. 서울에서도 35일이나 열대야 현상이 지속됐고, 대구에서는 38일 동안 폭염이 발생했고요. 한 텔레비전 뉴스에서는 기자가 아스팔트 바닥에 날달걀을 깨서 달걀 프라이를 만드는 모습이 화제가 될 정도로 무더위가 심했습니다.

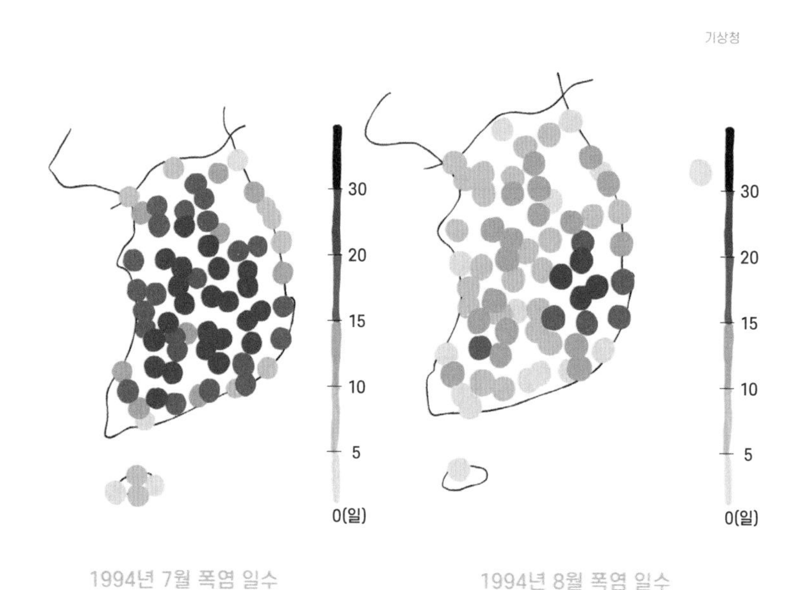

1994년 7월 폭염 일수
1994년 8월 폭염 일수

1994년 폭염으로 초과 사망자 수가 3,384명에 달했고 한꺼번에 많은 사람이 에어컨을 켜면서 전력난이 일어났습니다. 강에는 영양분이 과다 공급되어 녹조류가 늘어나 녹색이 되는 녹조 현상, 바다에는 붉은색 플랑크톤이 늘어나는 적조 현상이 나타나 물고기 등이 죽었고요. 또 축사나 양식장에서는 닭, 돼지 등이 집단으로 죽었습니다. 지금까지도 전설로 손꼽히는 가뭄까지 발생했으니 2차 피해까지 광범위하게 입은 셈이죠. 그래서 우리나라에서는 1994년 폭염을 20세기 최악의 폭염으로 평가합니다.

1994년에는 3월부터 이미 기온이 평년보다 크게 올라가는 등 폭염의 전조가 보였습니다. 6월이 되면서 서울 기온은 섭씨 34.7도까지 올라가 폭염이 시작되었죠. 게다가 1994년 여름엔 습도마저 최고를 기록해 체감 온도 자체가 매우 높았습니다. 기온과 습도가 높아진 상태에서 비마저 오지 않아 극심한 가뭄에 시달렸고요. 전라북도 남원시에는 7월 한 달 동안 강우량이 1밀리미터 정도로 비가 거의 오지 않았다고 합니다. 오죽하면 사람들이 태풍이 오기만을 기대했다고 하죠.

7월 말~8월 초가 되면서 태풍 월트, 브랜던, 더그가 잇따라 한반도 쪽으로 북상했습니다. 바람은 별로 강하지 않으면서 적당히 비를 뿌려 주어 '효자 태풍'이라는 별명까지 붙었어요. 태풍의 영향으로 모처럼 비가 쏟아지는 와중에 농민들이 좋아서 만세를 부르를 정도였고요. 1994년 폭염을 겪은 뒤부터 우리나라에서 가정용 에어컨의 수요가 폭발적으로 늘었다고도 하죠.

2016년 폭염

2016년 7월에는 폭염 일수가 10일 이상 되는 지역이 주로 내륙에 있었지만 1994년처럼 심하진 않았습니다. 그런데 8월이 되면서부터 극심한 폭염이 나타납니다. 1994년에는 7월이 정점이

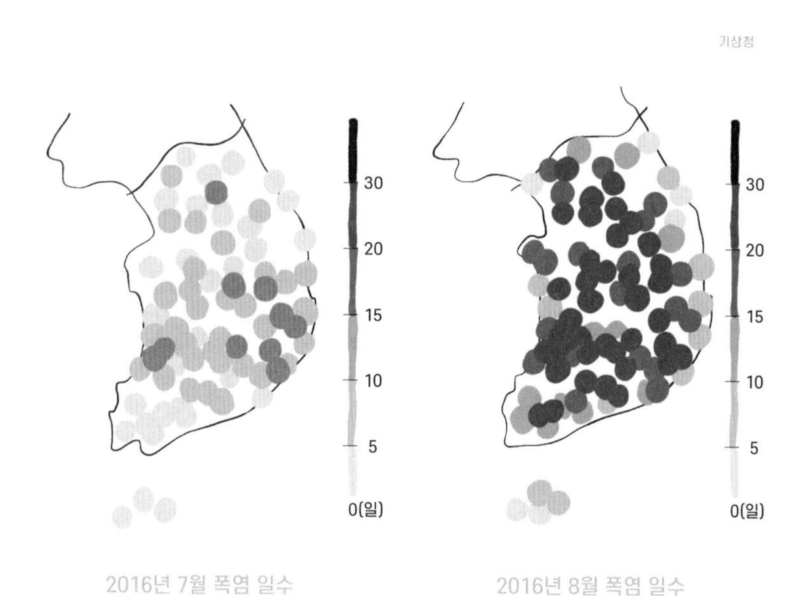

2016년 7월 폭염 일수
2016년 8월 폭염 일수

었다면 2016년에는 8월이 정점이었죠. 2016년 8월 4일에는 중국 내륙에서 들어온 뜨거운 공기가 한반도를 불지옥으로 몰아넣었어요. 경기도 안성에서 최고 기온 섭씨 39.4도, 경상남도 창녕에서 최고 기온 섭씨 39.2도 등 연일 섭씨 39도가 넘는 기온이 이어졌죠.

2016년 여름에는 따뜻한 북태평양 고기압이 남하하면서 예년과 다르게 태풍도 접근하지 못하는 상태가 계속됐고, 비공식 기록이기는 하지만 경상북도 경산에서는 섭씨 40도가 넘는 기온이 이틀 동안 측정되었다고 해요. 부산에서는 섭씨 37.3도로 112년 만에 최고 기온을 기록했고요. 폭염 사망자 16명, 열사병이나 일사병에 걸린 온열 질환자는 2,000명에 달했으며 가뭄 피해까지 발생합니다. 이후 태풍 라이언록이 오면서 비가 좀 내린 뒤 더위가 잦아들면서 가을로 접어들 수 있었어요.

2018년 폭염

2년 뒤인 2018년 여름에 다시 역대급 폭염이 찾아오며 각종 기록을 깨뜨렸습니다. 2018년에는 우리나라뿐만 아니라 북극권, 유럽, 북아메리카를 포함한 북반구 전역이 폭염에 시달렸죠. 많은 과학자가 지구온난화가 심각하게 진행된 증거가 나타나기 시작했다며, 앞으로는 2018년 폭염 같은 극단적인 기온 현상이 더욱 자주 발생할 것이라고 우려했습니다. 앞서 보았듯이 2020년대부터는 이 같은 우려가 현실이 되어 매년 여름마다 북반구 폭염이 일상화되고 있습니다. 심지어 강한 정체 전선이 형성되며 중부 지방에 폭우가 쏟아지는 상황에서도 중부 지방의 기온만 떨어질 뿐, 남부 지방에는 폭염이 계속되는 일이 빈번해지고 있어요.

우리나라는 2018년 7월 폭염 일수가 20일이 넘는 지역이 경상도에 넓게 분포했습니다. 8월에도 전라북도를 중심으로 폭염 일수가 20일 넘는 지역이 두루 분포했죠. 전국에서 발생한 온열 질

기상청

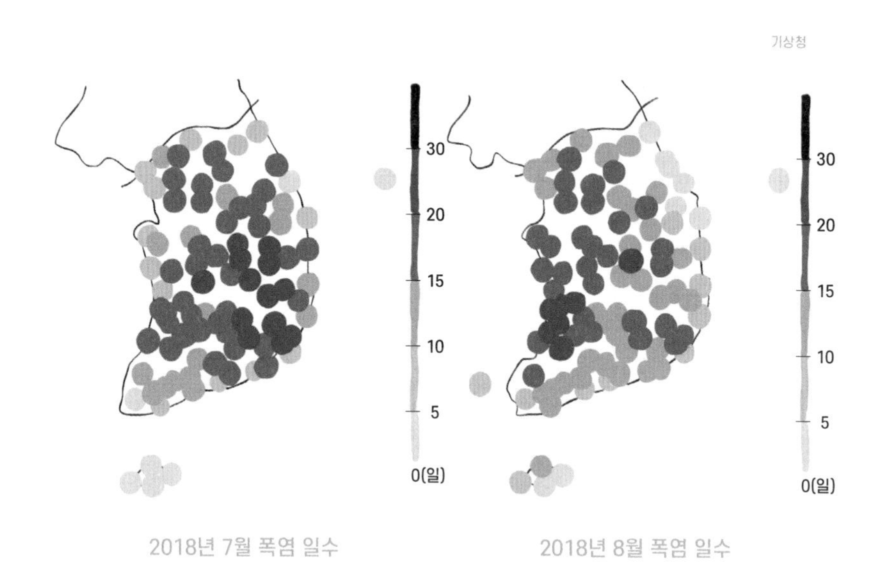

2018년 7월 폭염 일수　　　2018년 8월 폭염 일수

환자가 4,500명 이상이었고, 그 가운데 48명이 사망했습니다. 이는 전국 500여 개 병원 응급실에서 신고한 피해자 집계여서 실제 사망자는 더 많았을 것으로 추정합니다. 2018년 8월 2일, 서울은 밤 최저 기온이 섭씨 30도를 기록해 '초열대야 현상'이라는 새로운 표현도 생겨났습니다.

2018년 폭염도 봄부터 전조가 나타나기 시작해 3월 평균 기온이 1973년 이후 최고 기온을 기록했고, 4월에도 이례적으로 높은 기온이 꾸준히 관측됐습니다. 여름이 되자 7월 초에 장마가 일본 남서부에서 북상하다가 7월 중순에 바로 끝난 뒤에 8월의 극심한 폭염이 시작되었습니다.

2018년 폭염이 발생한 원인은 크게 세 가지를 꼽습니다. 첫째, 티베트 고기압의 영향입니다. 티베트고원 지대는 만년설이 있어서 항상 얼어 있던 곳인데, 지구온난화가 진행되면서 얼음이 녹아 사라지고 있어요. 태양 복사 에너지를 잘 반사하는 하얀색의 만년설 얼음이 줄어드니까 태양 복사 에너지의 반사가 줄고, 그만큼 지구가 열을 더 많이 흡수해 얼음이 더 잘 녹는 악순환을 겪고 있죠. 만년설이 빠르게 사라지면서 티베트고원 지대가 급격히 더워지고, 이로 인한 고기압의 발달과 확장은 우리나라에까지 영향을 주었습니다.

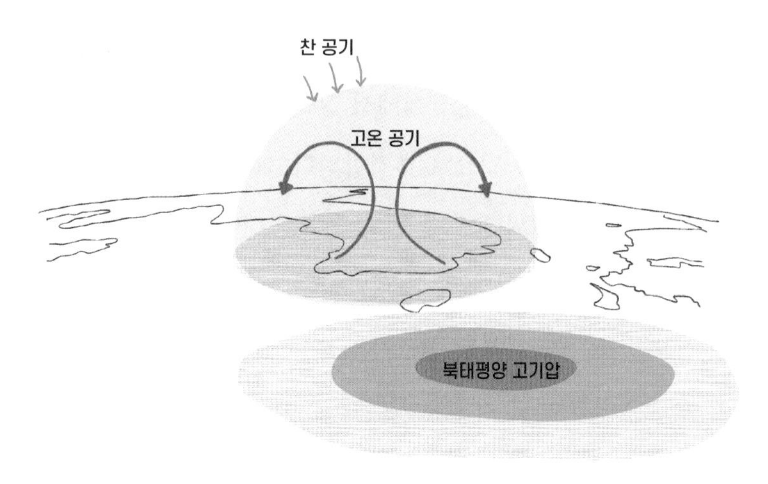

열돔 현상의 원리

둘째, 열돔 현상입니다. 당시 태풍 마리아의 영향으로 북태평양 기단이 강화되고, 확장된 북태평양 기단이 점점 올라와 우리나라에 영향을 주었습니다. 북태평양 기단 고기압이 한반도의 아래층을 차지하면서 북쪽 시베리아 고기압의 찬 공기가 들어오지 못하게 막는 역할을 한 거예요. 이렇게 한반도에 고온의 공기가 가득 차서 찬 공기가 들어오지 못하는 현상을 '열돔 현상'이라고 합니다.

셋째, 일본 쪽으로 이동하던 태풍 종다리가 에너지를 급격하게 잃고 소멸하면서 약해진 바람이 우리나라 동해안에서 태백산

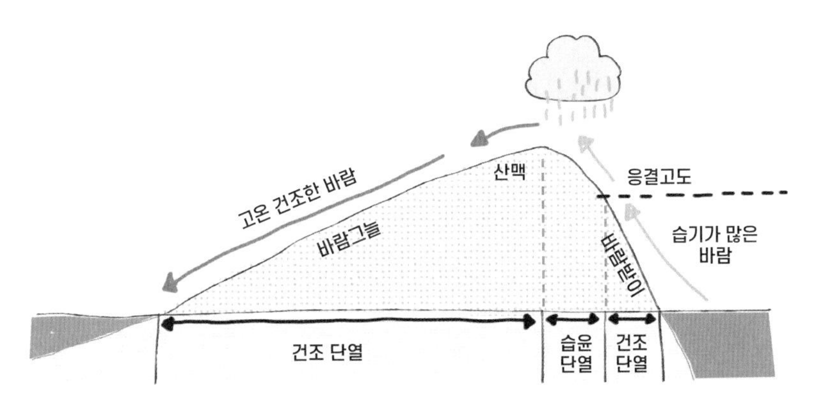

펀 현상의 원리

맥과 소백산맥 등의 지형적인 영향을 받았기 때문입니다. 태풍 중심의 북부에서 우세한 북동풍이 태맥산맥 위에 불면서 산맥의 오른쪽인 영동 지방에서는 상승기류가 우세하여 구름을 만들었죠. 하지만 바람이 산맥을 넘어가면서부터 하강기류가 우세하여 구름이 없어지고 아주 고온 건조해지는, '펀Föhn 현상'이 나타나 중부 내륙 지방을 매우 덥고 가뭄이 심한 상태로 만들었습니다.

2018년 최악의 폭염은 우리나라뿐 아니라 북반구 전체에서 발생했습니다. 전문가들이 기후변화와 기후위기가 본격화되었다고 보는 이유예요. 2018년 8월 1일에는 고위도 지역까지 섭씨 25도 이상의 고온이 나타났습니다. 스웨덴에서는 고온 건조한 날씨로 인해 한꺼번에 여러 곳에서 산불이 일어났죠.

2018년 UN 지속가능에너지기구에서는 냉방 장치가 없어 폭염의 위험에 시달린 인구가 11억 명에 이르렀다고 보고했습니다. 2018년 중국 베이징에서는 4월 중순부터 섭씨 30도를 기록했고, 캐나다 퀘벡주에서는 147년 만의 폭염으로 90명이 사망했으며, 그리스는 폭염으로 아테네 인근까지 산불이 일어나 50명 이상이 사망했고요. 운하를 통해 각종 화물을 운송하는 네덜란드에서는 가뭄으로 강물이 메말라서 운송에 차질이 생겼고, 스페인과 포르투갈은 최고 온도가 섭씨 44~47도까지 오르면서 거의 사막 수준의 폭염을 겪었습니다. 이러한 전 지구적인 이상 고온은 지구온난화로 인해 더욱 자주 나타날 겁니다.

폭염에 대비하는 노력

폭염이 늘고 있지만 여러 요인으로 폭염을 정확하게 예측하기가 매우 어렵습니다. 정확한 예측을 할 수 있도록 폭염의 원인을 밝혀내려면 바다에서 생기는 변화, 해양과 대기 사이의 열 교환 방식, 해양 내부에서 일어나는 순환 등에 관한 다각적인 연구가 함께 이루어져야 합니다. 최근에는 지상 관측뿐만 아니라 인공위성을 통해서도 다양한 관측 자료를 수집하고 있습니다. 우리나라는 2010년에 정지궤도 기상위성인 천리안 1호를 쏘아 올렸고, 2018년 천리안 2A호를 쏘아 올렸습니다. 위성으로부터 우리 지구 표면, 특히 우리나라 주변의 기온뿐만 아니라 여러 환경 변수를 관측하는 정보들을 얻고 있죠.

기상 관측과 함께 시뮬레이션을 하기 위한 수치 모델의 성능을 높이고, 인공지능 기술 등을 활용하여 폭염 같은 자연재해 예보의 적중률을 좀 더 높여야 해요. 여기서 인공지능 기술을 활용한다는 건, 예를 들면 과거 수십 년 동안 특정 지역에서 매일 수집된 기온, 강수량, 구름 분포 등의 관측 데이터를 학습(딥러닝)시킨 뒤 미래의 기온과 구름 분포만 알면 강수량까지 알아내는 프로그램을 만드는 작업입니다. 더불어 자연재해 예방과 대처할 수 있는 역량을 높이는 방법도 지속적으로 연구해야 합니다.

폭염에서 살아남기 위해 기억해야 할 다섯 가지 기본 개념

첫째, 자연재해는 과학적 평가로 예측할 수 있습니다. 현재는 폭염에 큰 영향을 주는 기단의 이동을 파악하고, 푄 현상 같은 지형의 영향을 고려하는 등 여러 과학적 평가로 어느 정도 폭염을 예측할 수 있습니다. 그러나 아직도 정확하게 폭염을 예측하려면 앞으로 꾸준하고 많은 연구가 필요합니다.

둘째, 자연재해 피해 효과를 파악하기 위해서는 위험 분석이 중요합니다. 폭염이 발생할 경우 언제, 어디서, 어느 정도의 위험이 예상되는지 피해 규모를 사전에 파악할 수 있죠. 이에 따라 특정 지역의 기온이 특정 온도까지 오르는 경우를 가정하는 기온 예측 시나리오를 작성하고, 시나리오별로 어떤 위험이 발생할지 미리 분석해야 합니다.

셋째, 자연재해와 물리적 환경, 그리고 서로 다른 재해 사이에 밀접한 관련이 있습니다. 폭염 역시 티베트고원의 만년설이 사라지는 물리적 환경 변화가 2018년 폭염을 가져온 원인 가운데 하나였습니다. 또한 약해진 태풍이 동반하는 바람과 지형적 영향으로 만들어진 하강기류가 폭염을 가져왔던 것처럼 서로 다른 재해들이 밀접히 관련되어 있다는 것도 알 수 있죠.

넷째, 과거의 재난이 미래에는 더 큰 재앙이 될 수 있습니다. 1994년에 20세기 최악의 폭염을 겪은 우리나라에서 2016년, 2018년에도 극심한 폭염이 나타났습니다. 기후위기가 계속 심화되는 한 심한 폭염이 더욱 자주 발생하고, 그 피해도 커질 수 있음을 잊지 말아야 합니다.

다섯째, 우리의 노력에 따라 자연재해 피해를 줄일 수 있다는 개념은 폭염에도 예외 없이 적용할 수 있습니다. 폭염 피해를 줄이기 위한 노력에 따라 얼마든지 폭염이라는 자연재해에 강한 사회로 바꿀 수 있으니까요.

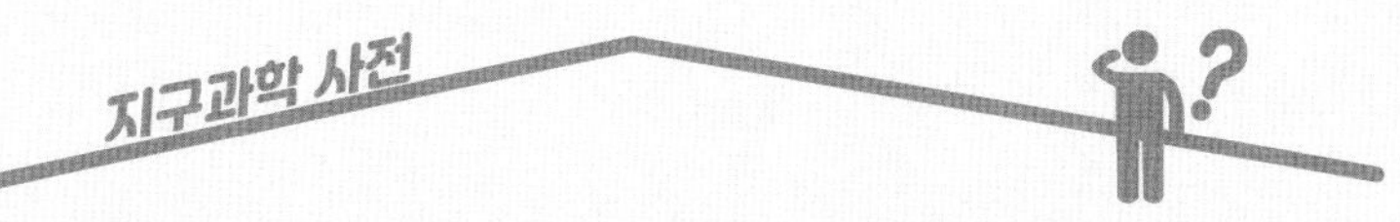

기상재해 태풍, 폭우, 폭설 같은 기상 현상이 원인이 되어 발생하는 자연재해이다. 우리나라의 자연재해 대부분은 이상기후 현상으로 발생하는 기상재해에 해당한다.

초과 사망자 일정 기간에 일상적으로 발생할 것이라고 예상되는 수준을 넘어서 생기는 사망자를 의미한다.

평년 매일 바뀌는 날씨, 일기, 기상과 달리 장기간(최소 30년)의 평균 상태를 의미하는 게 기후이다. 평년이라고 할 때는 기후와 마찬가지로 평균 상태를 의미하며, 본문에서는 수십 년 동안의 3월 기온을 평균으로 한 수치를 말한다.

정체 전선 찬 기단과 따뜻한 기단의 경계면이 한곳에 머물러 있는 전선을 말한다.

기상청에서 폭염 특보가 발령되면 최대한 야외 활동을 하지 말아야 합니다. 어쩔 수 없이 외출해야 한다면, 챙이 넓은 모자를 쓰고 가벼운 옷차림으로 나갑니다. 또 탄산음료나 커피 대신 물병을 가지고 다니며 물을 자주 마셔야 해요. 외출 중이거나 집에 에어컨이 없을 경우 가장 더운 시간에는 가까운 무더위쉼터로 들어가 더위를 피합니다. 무엇보다 주변 독거노인 등 건강이 염려되는 분들의 안부를 살펴야 합니다.

온열 질환과 대처 방법

열사병은 체온을 조절하는 신경계가 열 자극을 견디지 못해 기능을 잃어버리는 질환입니다. 의식이 없거나 혼수상태가 되고, 심한 두통, 오한, 저혈압 등이 올 수 있습니다. 사망 확률이 가장 높은 온열 질환이므로 119에 즉시 신고한 뒤 환자를 시원한 장소로 옮겨 환자의 옷을 느슨하게 해 주어야 합니다. 그리고 몸에 시원한 물을 적셔 부채나 선풍기 등으로 몸을 식힙니다.

열탈진은 열로 인해 땀을 많이 흘려 수분과 염분이 적절히 공급되지 못 할 때 일어납니다. 이럴 때는 시원한 곳이나 에어컨이 있는 장소에서 무조건 휴식해야 해요. 이와 함께 수분을 보충해 주고, 시원한 물로 샤워하거나 목욕을 합니다. 증상이 한 시간 이상 지속되거나 회복되지 않는다면 꼭 병원에 가서 진료를 받습니다.

열경련은 땀을 많이 흘려 체내 염분이 부족하여 팔, 다리, 복부, 손가락 등에 근육 경련이 발생하는 질환입니다. 특히 온도가 높은 곳에서 강도 높은 노동을 하거나 운동을 할 경우 발생하죠. 열경련이 일어나면 시원한 곳에서 쉬면서 물을 마셔 수분을 보충해 주고, 경련이 일어난 근육을 마사지합니다.

열실신은 체온이 높아져 열을 밖으로 내보내려고 몸의 표면을 도는 혈액량이 늘어나면서 뇌로 가는 혈액이 부족하여 일시적으로 의식을 잃는 질환입니다. 주로 앉아 있거나 누워 있는 상태에서 갑자기 일어나거나 오래 서 있으면 발생하죠. 일시적으로 의식을 잃거나 어지러움증을 느끼는 사람이 있다면, 시원한 장소로 옮겨 평평한 곳에 눕힌 뒤 다리를 머리보다 높게 올립니다.

4 폭우와 홍수

하늘에서 퍼붓는 엄청난 비

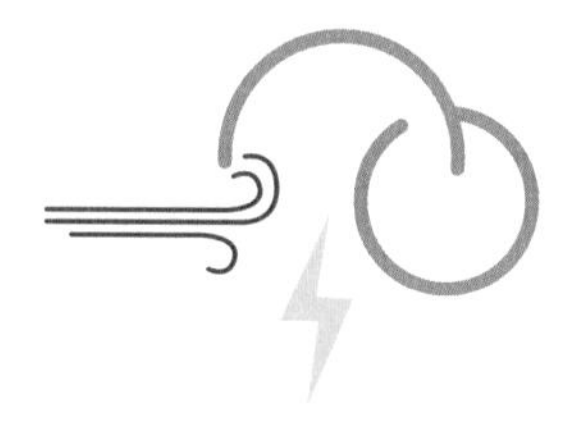

동아시아 몬순 지대에 속한 우리나라는 다습한 북태평양 기단의 영향을 받는 여름에 비가 많이 내리고, 건조한 시베리아 기단의 영향을 받는 겨울에 강수량이 감소합니다. 그런데 최근에는 여름 말고도 가을이나 겨울에 많은 비가 내리는 이상기후 징후가 나타나고 있습니다.

폭우(호우)와 홍수가 심각한 자연재해인 것은 분명하나 비는 가뭄을 해소하고 무더위를 식힙니다. 또 비가 많이 오면 강물이 범람하면서 제방(강둑) 바깥쪽에 영양분을 공급해 농작물을 재배하기 좋은 비옥한 토양을 만들어 주기도 하고요. 폭우와 홍수의 자연 서비스 기능이 주는 혜택이죠.

2020년 7월 4일 일본 규슈 지방에 폭우가 내렸습니다. 시간당 100밀리미터의 비가 쏟아진 후 홍수와 산사태가 발생해 마을은 온통 진흙탕이 되어 버렸고, 인명 피해도 적지 않았습니다. 2020년 여름에는 일본뿐 아니라 중국에도 폭우가 내려 매우 심한 홍수 사태가 났습니다. 수천만 명의 이재민이 발생했고 약 30조 원의 재산 피해를 입었죠. 이러한 폭우, 홍수, 산사태 등은 우리나라에서도 주로 여름에 종종 발생하여 인명 피해와 재산 피해를 가져오고 있습니다.

전 세계에서 가장 심각한 자연재해

기상청에서는 비가 많이 올 것이라고 예상되면 호우 특보를 발령합니다. 강우량이 세 시간에 60밀리미터 이상 또는 열두 시간에 110밀리미터 이상 예상될 때 호우주의보를 발령하고, 세 시간에 90밀리미터 이상, 열두 시간에 180밀리미터 이상 예상되면 호우경보를 발령합니다. 시간당 50밀리미터는 양동이로 물을 퍼붓는 정도, 시간당 100밀리미터는 폭포수처럼 쏟아지는 정도라면 더 쉽게 감이 잡힐 거예요.

호우 특보를 발표하는 기준은 2018년부터 여섯 시간에서 세 시간으로 바뀌었습니다. 요즘 기후변화로 특정 지역에 집중적으

호우주의보	호우경보
6시간 70mm 12시간 110mm 이상 예상	6시간 110mm 12시간 180mm 이상 예상

호우주의보	호우경보
3시간 60mm 12시간 110mm 이상 예상	3시간 90mm 12시간 180mm 이상 예상

호우 특보 발표 기준 변경

로 많은 비가 내리는 국지성 호우가 자주 발생하고 있죠. 이에 따라 날이 갈수록 정확한 예측과 대비가 어려워지자 호우 특보 발표 기준을 개선해야 한다는 요구가 꾸준히 제기되었습니다. 국지성 호우가 점점 더 심해진다면 앞으로는 세 시간보다 더 짧은 기준을 사용해야 할지도 모릅니다.

비가 많이 내리면 강의 유역 또는 한곳에서 흘러온 물이 두 갈래 이상으로 갈라져 흐르는 경계인 분수계라는 곳에 모여 지하수나 하천 등으로 계속 흘러가고, 강의 유량(일정 시간 동안 흐르는 양)이 증가합니다. 그러면 강의 수위가 높아지면서 흘러넘쳐 홍수가 나죠. 비가 많이 내리는 날 한강, 금강, 영산강, 섬진강, 낙동강에 설치한 홍수통제소에서는 강의 수위를 계속 감시하면서 수위

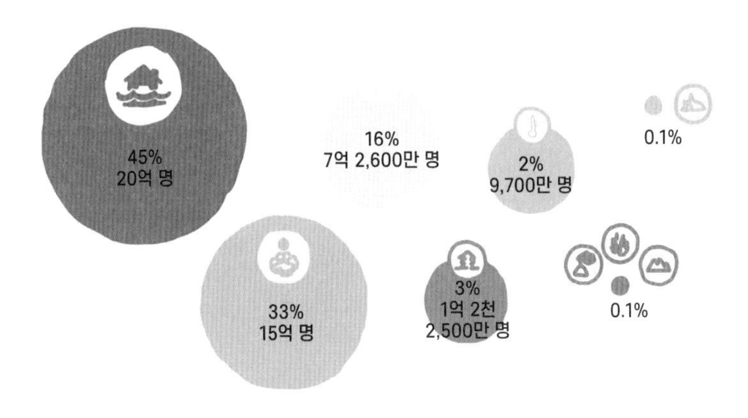

1998~2017년 자연재해별 피해 통계

가 올라가는 정도에 따라 홍수 특보를 발령해요.

전 세계적으로 홍수는 가장 심각한 자연재해 가운데 하나입니다. 위의 세계보건기구WHO 자료에 따르면, 1998년부터 2017년까지 20년 동안 20억 명이 넘는 사람이 홍수 피해를 입었다고 해요. 2020년 여름에 있었던 중국과 일본의 엄청난 홍수 피해 사례는 포함되지도 않은 수치입니다. 20년 동안 자연재해로 일어난 인명 피해 가운데 거의 절반에 가까운 45퍼센트의 사람들이 홍수 피해를 당한 셈이니, 전체 자연재해 가운데 홍수 피해가 상당한 비중을 차지하고 있죠.

비의 양을 좌우하는 강수 패턴

홍수 피해는 특히 중국, 인도, 태국 같은 특정 국가에서 잘 발생합니다. 이에 대한 원인을 파악하려면 우선 전 지구적 물 순환과 강수 패턴을 알아야 해요.

지구상 물의 대부분은 바닷물 형태로 존재합니다. 바닷물 일부가 증발하여 수증기가 되었다가 구름으로 변해 비나 눈을 내리고, 강과 호수 혹은 지하로 흘러가 마지막엔 다시 바다로 되돌아가는 순환을 합니다. 이것이 전 지구적 물 순환water cycle 혹은 수문 순환hydrological cycle입니다. 그런데 지구의 어떤 곳에서는 증발

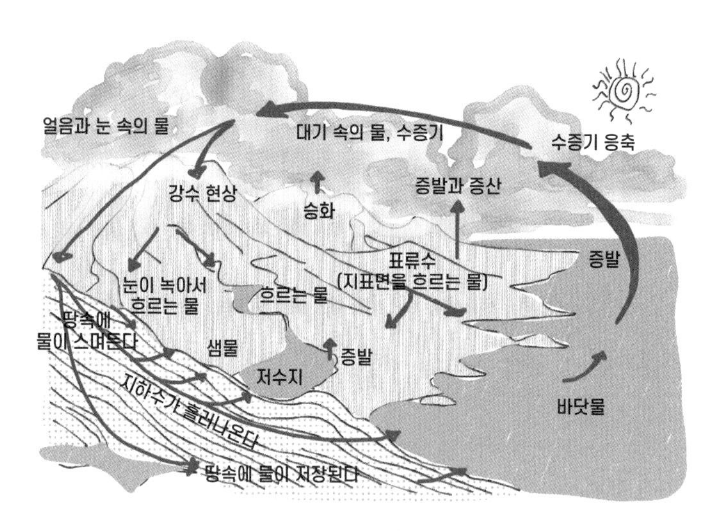

전 지구적 물 순환 구조

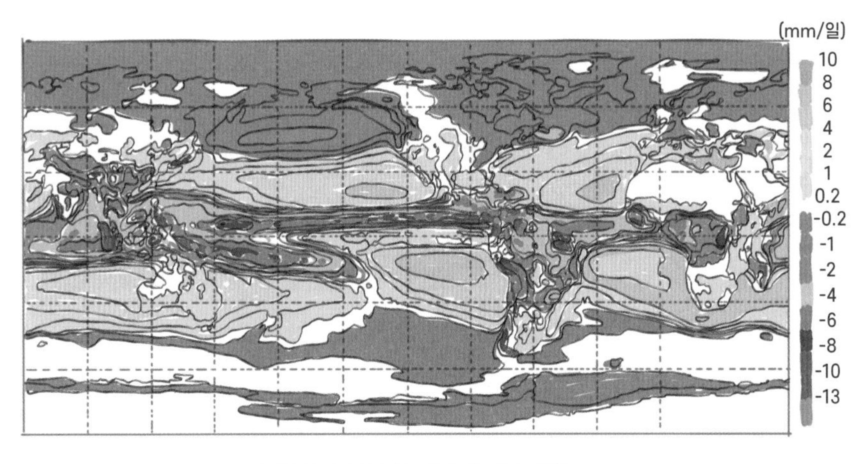

지구에서 일어나는 대표적 강수 패턴

이 우세하고, 또 다른 곳에서는 강수가 우세하여 비나 눈이 많이 내립니다. 증발량과 강수량의 전 지구적 분포를 통해 물 순환을 이해할 수 있는데, 이러한 분포 상태를 강수 패턴이라고 불러요. 위의 그림은 증발과 강수의 상대적인 우세를 파악하기 위해 지난 40년 동안의 데이터를 바탕으로, 연평균 증발량에서 강수량을 뺀 결과의 분포를 나타낸 겁니다. 지구에서 일어나는 대표적인 강수 패턴을 잘 보여 주죠.

그림에서 노란색과 주황색 부분은 증발이 더 우세한 곳이고, 초록색과 파란색 부분은 강수가 더 우세한 곳입니다. 3장 폭염 편에서 설명한 대기 대순환을 기억하나요? 대기 대순환과 지구의 강수 패턴은 밀접한 관계를 맺고 있습니다. 적도 부근의 열대 태평양, 대서양, 인도양 등 열대 바다와 열대 지역에서는 상승기류와 적도 수렴대라 불리는 해당 저기압대를 따라 강수가 우세함을 확인할 수 있죠. 그중에서도 열대 우림이 형성되는 인도네시아, 인도 북동부, 동남아시아 부근은 매우 많은 비가 내리는 곳입니다. 열대 바다 역시 수온이 가장 높고 상승기류가 우세하여 항상 많은 비가 내리고요.

반면 중위도에서는 증발이 우세하고 상대적으로 강수가 약해 건조한 기후가 나타나며, 고위도에서는 다시 증발보다 강수가 우세하여 비나 눈이 잘 내립니다. 이렇게 적도 부근과 고위도 부근에서는 강수가 우세한데, 중위도 지역은 건조하고 비나 눈이 잘 내리지 않는 이유가 무엇일까요?

적도의 대기는 태양 복사 에너지로 많이 가열되어 기온이 오르고 부피가 팽창하면서 기압은 낮아져 상승기류가 우세합니다. 상승기류가 있는 곳에는 구름이 만들어져 많은 비를 내리죠. 적도에서 상승한 대기를 메우기 위해 불어오는 바람이 무역풍입니다. 무역풍은 북반구에선 북쪽에서 남쪽으로 불지만, 지구가 자전하여 생기는 코리올리 효과로 인해 오른쪽으로 꺾이면서 북동풍이 됩니다. 남반구에서는 남쪽에서 북쪽으로 불어오는 무역풍이 왼쪽으로 꺾이면서 남동풍이 되고요. 북반구의 북동풍과 남반구의 남동풍은 모두 적도 쪽으로 불어오는 바람이니 수렴대가 형성되어 상승기류가 우세하죠. 적도에서 상승한 대기는 상공에서 차갑게 냉각되고 무거워져 중위도에서 하강기류를 타고 지상으로 내려옵니다. 이러한 순환 과정에서 만들어지는 저위도와 중위도 사이의 대류셀이 바로 해들리셀Hadley Cell(해들러 순환)입니다.

중위도에서 하강기류를 타고 지상에 내려온 대기는 무역풍을 타고 적도 쪽으로 수송되지만, 동시에 편서풍을 타고 고위도 쪽으로 수송되기도 합니다. 북반구에서 편서풍은 북쪽으로 불지만, 역시 코리올리 효과 때문에 오른쪽으로 휘어서 남서풍이 됩니다. 남반구에서는 편서풍이 남쪽으로 불어 오른쪽으로 휘어지면서 북서풍이 되고요. 편서풍을 타고 지상에서 고위도 쪽으로 수송되는 대기는 극지방에서 편동풍을 타고 저위도 쪽으로 수송되는 대기와 만납니다. 두 대기는 북위 60도 혹은 남위 60도 부근에서 수렴하며 다시 상승기류를 타고 상공으로 올라가 구름을 만들어 비나 눈이 내리죠. 이렇게 만들어지는 위도 30~60도 사이의 대류셀이 페렐셀Ferrel Cell(페렐 순환)입니다.

이보다 고위도에서는 한대셀Polar Cell(극 순환)이 존재하므로 극

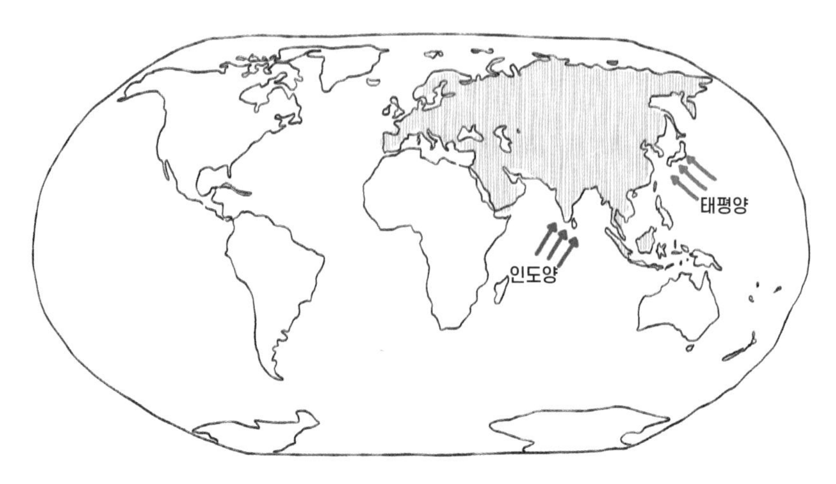

북반구 여름철의 인도 몬순(남서계절풍)과 동아시아 몬순(남동계절풍)

지방의 하강기류가 편동풍(북반구에서 북동풍, 남반구에서 남동풍)과 만나 위도 60도 쪽으로 대기를 수송하여 수렴대와 상승기류를 만듭니다. 이처럼 위도에 따라 중위도에서는 하강기류와 증발이 우세한 환경이, 저위도와 고위도에서는 상승기류와 강수가 우세한 환경이 만들어지는 거예요.

대륙과 해양 사이의 비열 차이로 기류가 만들어져 계절에 따라 강수와 증발의 양이 크게 바뀔 수도 있습니다. 바로 몬순 monsoon, '계절풍'이라는 현상입니다. 계절풍은 계절의 변화뿐 아니라 지역적인 강수 패턴을 만드는 중요한 원인이기도 하죠.

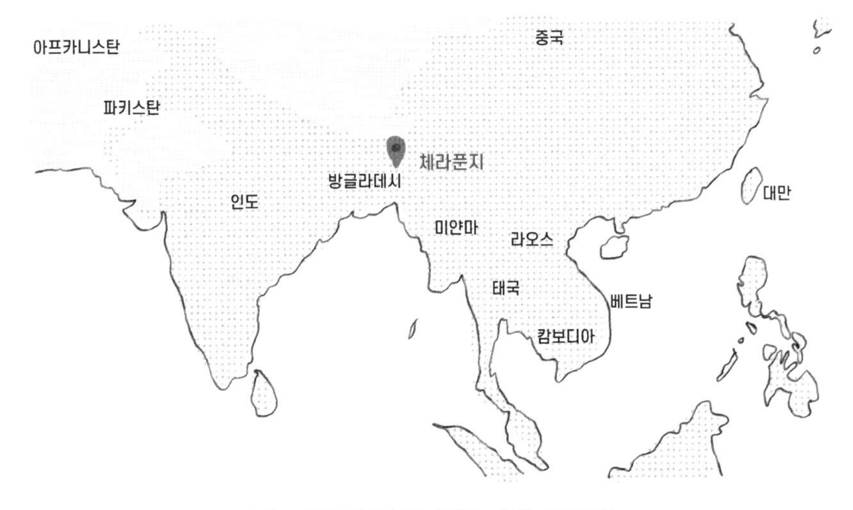

세계에서 가장 많은 비가 내리는 인도 체라푼지

우리나라가 위치한 동아시아 지역의 계절풍은 유라시아 대륙과 태평양 사이, 인도양 계절풍은 유라시아 대륙과 인도양 사이의 비열 차이 때문에 발생합니다. 여름에는 태평양이나 인도양보다 대륙이 더 빨리 가열되므로 대륙 쪽에서 상승기류가 우세해요. 따라서 태평양이나 인도양에서 유라시아 대륙 쪽으로 해풍이 부는데, 동아시아에서는 남동계절풍, 인도양에서는 남서계절풍이 불죠. 특히 인도양에서 수증기를 잔뜩 머금은 다습한 기단이 대륙 쪽으로 불어오다가 히말라야산맥 같은 산악 지형을 만나면 상승기류가 더욱 심하게 형성되어 많은 구름이 생깁니다. 이 계절풍의 영향을 받는 인도 동북부의 체라푼지 마을이 전 세계적으로 가장 많은 비가 내리는 곳이 된 이유입니다. 우리나라에도 다습한 북태평양 기단이 영향을 주어 남동계절풍이 부는 여름에 많은 비가 내리죠.

그렇다면 같은 여름이라도 어떤 해에는 비가 많이 오고, 어떤 해에는 비가 적게 내리는 원인은 무엇일까요? 여러 원인이 있지만 대표적으로 엘니뇨El Niño를 꼽을 수 있습니다. 2~5년마다 나타나는 엘니뇨는 상대적으로 낮았던 열대 동태평양과 중태평양의 해수면 온도가 평소보다 높은 상태로 수개월 이상 지속되는 현상이에요. 평년에는 열대 태평양에서 적도를 따라 동쪽에서 서쪽으로 부는 무역풍이 바다 표층에 있는 따뜻한 물을 서쪽으로 이동시켜, 인도네시아 부근의 열대 서태평양에 따뜻한 물이 있는 층을 아주 두텁게 만들어요. 이곳을 웜풀warm pool 해역이라고 하죠. 상승기류가 우세하고 구름과 강수량이 많아 인근 지역에 열대 우림이 잘 만들어집니다. 그런데 무역풍이 약해지면서 웜풀을 서쪽으로 잘 밀어내지 못하면 상승기류가 약해지거나 오히려 하강기류가 우세해져 열대 서태평양이 건조해지죠. 평년에는 하강기류가 우세했던 건조한 동태평양에서는 반대로 상승기류가 생기며

구름이 만들어지고 비가 내리게 됩니다.

엘니뇨의 반대 현상인 라니냐La Niña도 강수 패턴이 변하는 원인의 하나예요. 라니냐는 적도 부근 동태평양의 해수면 온도가 수개월 이상 평소보다 낮은 상태로 지속되는 현상이죠. 평년보다 더 강한 무역풍이 불어와 열대 태평양의 따뜻한 바닷물이 서태평양 쪽으로 더 많이 치우치면, 인도네시아 등 열대 서태평양 지역에 평년보다 더 많은 비가 내립니다. 반대로 동태평양의 미국 캘리포니아나 페루 같은 사막 지대는 평년보다 더 건조해서 폭염과 산불이 자주 발생하고요.

이렇게 비가 많이 내려 강수량이 증가하거나 강 상류의 눈이 녹는 등 여러 이유로 강의 유량이 증가하면 수위가 높아지고, 강물이 흐르는 경로도 바뀝니다. 비가 그친 뒤 강의 수위가 낮아지고, 다시 비가 많이 와서 수위가 높아지는 일이 반복되다 보면 강 주변으로 자연스럽게 제방(자연 제방)이 만들어지죠. 이 자연

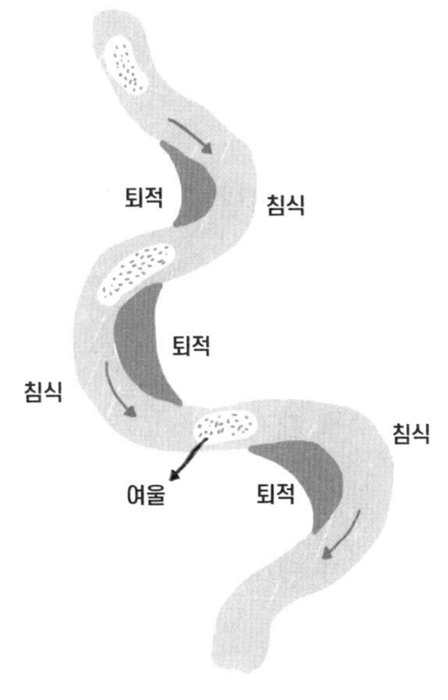

사행천이 형성되는 과정

제방 안쪽으로 흐르는 강은 똑바로 흐르지 않고, 마치 뱀이 기어가는 모습처럼 굽이쳐서 흐른다고 해 사행천蛇行川이라고 불러요. 강이 흐를수록 사행천의 바깥쪽은 침식되고 안쪽은 퇴적되면서 점점 더 심하게 굽이쳐 흐릅니다. 사행(곡류)이 심하면 경로가 다시 바뀌어서 새로운 물줄기로 흘러가고, 강의 모양이 계속 바뀝니다. 이 과정에서 주기적으로 강의 수위가 자연 제방을 넘기 때문에 홍수가 발생하죠.

우리나라에서 일어난 대홍수

1984년 한강 대홍수

서울을 관통하는 한강도 범람하여 홍수를 일으킬 수 있을까요? 오늘날에도 장마철이나 태풍이 지나가면서 서울 곳곳이 침수될 때가 있죠. 그래도 요즘은 홍수 피해를 많이 줄인 편이라고 할 정도로 과거에는 몇 차례나 한강이 크게 범람하여 심각한 홍수가 일어났습니다. 대표적인 사례가 1984년 9월에 발생한 한강 대홍수입니다. "서울 대홍수로 2만 채 침수, 9만 명 긴급 대피, 전국 사망·실종 126명, 152억 재산 피해, 서울 모든 학교 휴교, 물바다” 등 당시 신문기사의 헤드라인을 통해 피해가 얼마나 심각했는지 짐작할 수 있습니다. 1984년 9월 1일 자정부터 오후 1시까지 열세 시간 동안 내린 강우량은 서울 267밀리미터, 인천 282밀리미터 이상이었습니다. 왜 이렇게 많은 비가 짧은 시간 동안 집중적으로 내렸을까요?

당시에는 1984년 8월 말부터 고온 다습한 북태평양 기단이 전국적으로 영향을 주고 있었습니다. 1984년 8월 31일 한반도에 상륙한 태풍 준은 그리 위력적이지는 않았지만 넓은 영역에 많은 비를 뿌리는 태풍이었죠. 9월 초 준은 중국 남부 지역에 상륙하면서 크게 약해졌으나 완전히 소멸하진 않았고, 온대성 저기압으로 바뀌어 편서풍 지역에 있는 한반도에 영향을 주었습니다. 한반도 중부 지방에 형성되어 있던 기압골에 이 온대성 저기압이 계속 수증기를 공급하자, 서울 등지에 집중 호우가 내렸어요. 집중 호우가 내린 곳이 하필 한강 유역이라 한강의 유량이 아주 크게 늘면서 대홍수로 이어졌죠.

1990년 한강 대홍수

6년 후 두 번째 한강 대홍수가 발생합니다. 1990년 9월 9일부터 12일까지 중부 지방에 집중 호우가 쏟아지면서 한강의 유량이 급증했고 대홍수가 일어났습니다. 당시 강우량 370밀리미터라는 어마어마한 비가 쏟아졌고, 한강대교 수위가 11미터 이상 올라갔다고 해요. 이때 행주대교 북쪽의 제방이 무너지면서 한강 수위가 또다시 급상승했고, 12일 새벽에는 일산 제방마저 무너졌습니다. 결국 고양군(현재 경기도 고양시) 일대까지 침수되면서 큰 피해를 입었죠. 사상자 163명, 이재민 18만 7,200여 명의 인명 피해와 5,000억 원이 넘는 재산 피해를 남겼습니다.

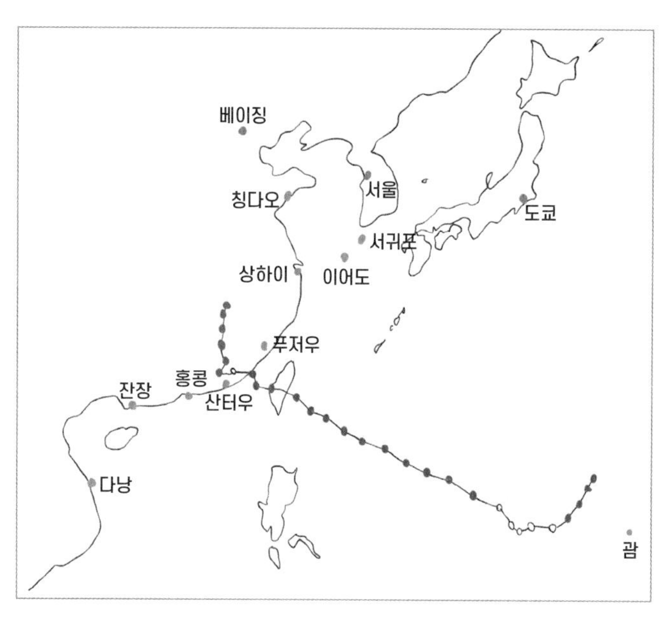

태풍 도트의 경로

1990년 폭우도 1984년 폭우와 매우 비슷해요. 1984년에 태풍 준이 중국 남부 지방에 상륙해서 우리나라에 수증기를 공급했듯이 1990년에는 태풍 도트가 중국 남부 지방에 상륙했고, 우리나라에 형성되어 있던 정체 전선 쪽으로 수증기를 공급하면서 집중호우가 내렸거든요. 폭우가 내리기 전에 미리 제방을 보강했다면 어느 정도 피해를 줄일 수 있었기 때문에 사람이 만든 재해이기도 했습니다.

이렇게 두 차례의 한강 대홍수를 겪으면서 우리나라는 홍수에 대한 방재를 철저히 하게 되었고, 그 결과 홍수 피해를 크게 줄일 수 있었죠.

2020년대 홍수

2020년부터 여름 홍수 피해가 늘고 있습니다. 2020년 일어난 여름 홍수 당시의 강수 패턴을 보면, 북쪽의 한랭 건조한 대륙 고기압과 남쪽의 고온 다습한 북태평양 기단 사이에 만들어진 기압골에, 중국에 상륙한 태풍 하구핏이 수증기를 공급하면서 집중호우가 내렸습니다. 이전 홍수 사례들과 아주 비슷한 유형이었죠. 홍수 피해를 막기 위해 그동안 많은 대비를 했는데도 다시 큰 피해를 입은 건 '최장 장마'라고 불릴 정도로 너무 오랜 기간 장마

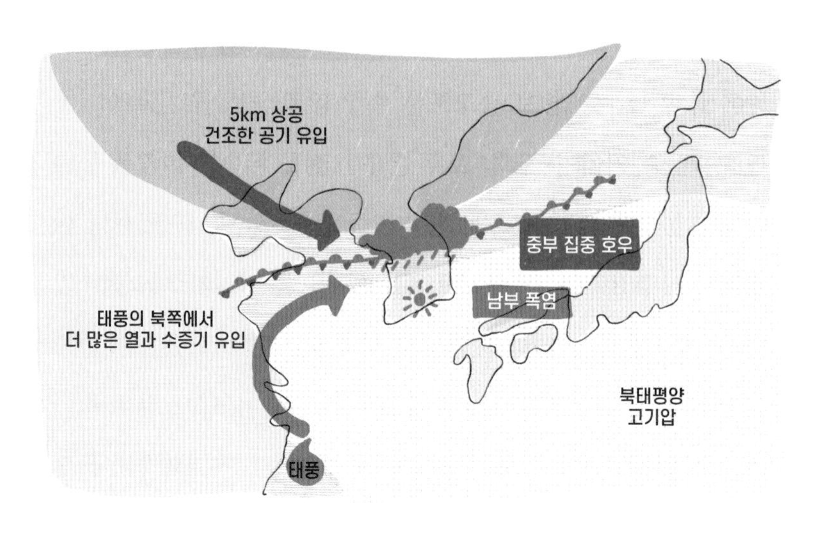

2020년 홍수 원인

가 지속됐기 때문입니다.

6월부터 9월까지 정체 전선이 계속 유지되면서 중부 지방에 시간당 60밀리미터가 넘는 비가 쏟아지는 등 오랫동안 집중 호우가 내렸고, 계속 내린 비로 토양이 약해져 산사태가 일어났죠. 더불어 2010년대부터 최근 10년 동안은 평년에 비해 장마 기간의 평균 강수량이 적은 편이라 위험을 과소평가하고 방심했던 탓도 있습니다.

2022년 여름에도 서울 강남 일대를 비롯해 곳곳이 침수되어 적지 않은 피해를 입었습니다. 남쪽의 북태평양 기단과 북쪽의 한랭 기단 사이에 강한 저기압과 정체 전선이 만들어지며 서울과 인천 등 중부 지방에 단기간 폭우가 쏟아졌거든요. 특히 시간당 100밀리미터 이상 매우 강한 폭우가 쏟아지며 도로와 지하 시설이 침수되고 인명과 재산 피해도 적지 않았죠.

당시 남부 지방에는 여전히 폭염 경보가 내려진 상황이었지만, 중부 지방에는 호우 경보가 내려질 정도로 작은 한반도 안에서 극단적인 두 자연재해를 동시에 경험했습니다. 기후위기가 심해지며 이처럼 과거의 자연재해와 성격이 다른 '신종' 자연재해가 계속 늘고 있어요. 그만큼 자연재해 대비도를 높이기 위한 방재 노력은 점점 더 중요해질 겁니다.

폭우와 홍수에서 살아남기 위해 기억해야 할 다섯 가지 기본 개념

첫째, 자연재해는 과학적 평가로 예측할 수 있습니다. 전 지구적 물 순환과 강수 패턴을 과학적으로 분석하고 수치 모델을 이용한 기상예보 등을 통해 사전에 예측 결과를 발표하는 호우 특보, 강의 유량 변화를 관측하며 운영하는 홍수 예보·경보 시스템을 통해 예측할 수 있습니다. 그러나 점점 어려워지는 기상 예측 여건을 극복하려면 앞으로도 많은 과학적 연구가 필요하죠.

둘째, 자연재해 피해 효과를 파악하기 위해서는 위험 분석이 중요하다는 개념은 무엇보다 폭우와 홍수 사례에 잘 적용할 수 있습니다. 한반도같이 여름에 집중 호우가 빈번하고, 대륙성 기단과 해양성 기단 사이의 기압골이 잘 형성되는 곳에 중국 남부 지방에 상륙하는 태풍이 수증기를 공급하면 어떤 지역에 홍수 위험이 얼마나 증가할지 미리 분석하는 게 중요합니다.

셋째, 자연재해와 물리적 환경, 그리고 서로 다른 재해 사이에는 밀접한 관련이 있습니다. 같은 강우 강도로 내리는 비라도 어느 때는 큰일이 없지만, 어느 때는 강이 범람해 홍수가 발생합니다. 이는 홍수가 물리적 환경에 크게 좌우되어 특별히 취약한 지역에서 발생하는 현상이기 때문이죠. 더불어 집중 호우가 지속될 때 가파른 사면에 비가 쉽게 흘러내리는 토양 환경에서는 산사태 같은 다른 재해가 발생하고, 중국에 상륙하는 태풍같이 다른 재해의 영향도 받습니다.

넷째, 과거의 재난이 미래에는 더 큰 재앙이 될 수 있습니다. 1984년, 1990년 한강 대홍수를 겪은 뒤 다양한 방재 노력에도 불구하고 2020년에도 큰 홍수 피해를 입었죠. 기후위기가 심해질수록 변화하는 자연재해에 맞추어 각별히 노력해야만 더 심각해질 수도 있는 폭우와 홍수를 막을 수 있습니다.

다섯째, 우리의 노력에 따라 자연재해 피해를 줄일 수 있습니다. 폭우와 홍수도 사람이 노력하는 정도에 따라 얼마든지 피해를 줄일 수 있습니다. 일본에서는 2020년 여름 폭우 당시 사망자 가운데 60퍼센트가 집에서 발견되었죠. 대피가 늦어지면서 발생한 일이므로 평소 경보 대피 훈련 등을 준비하면서 인명 피해를 줄이려는 노력이 얼마나 중요한지 알려 주는 사례입니다.

강우량·강수량 강우량은 일정 기간 동안 일정한 곳에 내린 비의 양을 말한다. 강수량은 비, 눈, 우박, 안개 등으로 일정 기간 동안 일정한 곳에 내린 물의 총량을 말한다. 따라서 두 용어는 명확하게 구분해 써야 한다.

호우 특보가 예보되면 내가 살고 있는 곳에 언제쯤 영향을 줄지 미리 파악해 둡니다. 그리고 폭우가 내리기 전에 가족과 함께 주의할 점을 공유하고 비상 용품을 미리 준비해 둡니다. 폭우가 시작되면 위험한 지역에서는 재빨리 안전한 곳으로 대피하고, 되도록 외출하지 말아야 합니다. 폭우가 지나가면 주변의 피해 상황을 확인하고, 가까운 행정복지센터 등에 신고하여 보수하거나 보강하도록 합니다.

홍수 피해가 예상되는 지역의 주민은 텔레비전 뉴스, 라디오, 인터넷을 통해 비가 얼마나 올지, 어느 곳에 많이 올지 등을 알아 둡니다.

홍수가 우려될 때 대피할 수 있는 장소와 길을 미리 알아 둡니다.

갑작스러운 홍수가 발생했다면 빨리 높은 곳으로 대피합니다.

비탈면이나 산사태가 일어날 수 있는 지역에는 가까이 가지 않습니다. 또한 바위나 자갈 등이 흘러내리기 쉬운 비탈면 지역의 도로에는 가지 말고, 도로를 지날 때는 주위를 잘 살핀 후 이동합니다.

홍수가 올 것 같으면 미리 집에 있는 전기차단기를 내리고 가스 밸브를 잠급니다.

침수된 주택은 가스가 새었거나 전기에 감전될 위험이 있으므로 바로 들어가지 말아야 합니다. 집에 들어가게 되면 먼저 집 안을 환기시킨 뒤 가스와 전기차단기가 OFF 상태에 있는지 확인하고, 전문가의 안전점검을 받아 안전한 경우에만 사용해야 합니다.

홍수가 지나간 뒤 수돗물이나 식수는 오염되었는지 여부를 확인한 다음 사용합니다.

한파

모든 것을 얼리는 추위

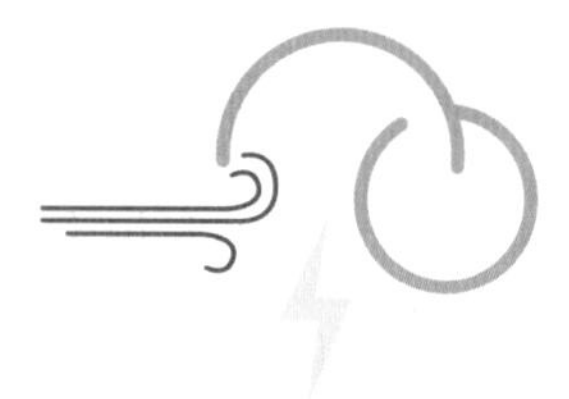

"지구온난화는 도대체 어디로 사라졌지? 제발 빨리 돌아와, 우리는 지구온난화가 필요해!"

지난 2019년 1월, 도널트 트럼프 전 미국 대통령이 SNS에 남긴 글입니다. 당시 미국 일리노이주에 매서운 한파가 몰아쳐 정부가 재난 지역으로 선포했을 정도였거든요. 기후위기의 과학적 실체를 부정하며 조롱거리로 한 이야기이지만, 실제 사람들이 궁금해하는 질문이기도 합니다. 지구온난화면 따뜻해져야지 왜 겨울에 이렇게까지 추워지느냐는 말이죠.

우리가 지구온난화라고 할 때는 장기간의 평균 상태, 즉 기후에서 온도가 높아지는 상태를 이야기하는 것이지 매일매일, 시시각각 바뀌는 날씨(기상)에서의 온도를 말하는 것이 아닙니다. 매일 일교차가 섭씨 20도씩 벌어지며 아침저녁으로 기온이 크게 오르내리는 기상변화는 문제가 아니지만, 수십 년에 걸쳐 아침 최저 기온이 섭씨 1도가 오른 기후변화는 매우 심각한 문제입니다.

한파는 지구온난화처럼 평균 기온이 지속적으로 변하는 것이 아니라 일시적으로 며칠간, 길어도 1~2주 동안 급격하게 큰 폭으로 기온이 내려가는 현상입니다. 세계기상기구의 기록을 보면, 역설적으로 당시까지 기상 관측 역사상 가장 기온이 높았던 2010년이 북반구 중위도에서는 가장 심각한 한파를 기록했던 해입니다. 한파를 겪다가 뒤이어 극심한 폭염과 가뭄에 시달렸던 특이한 현상이 나타난 해이기도 하고요.

한파는 '침묵의 살인자'라고도 불립니다. 폭우나 폭설처럼 눈으로 보이는 형태도 아니고, 한파가 심해질 때 고혈압 등 심뇌혈관 질환으로 자각 증상 없이 급작스럽게 죽음을 맞이하는 사람들도 있기 때문이에요. 사람에게 피해를 주는 현상이니 자연재해가 분명하죠. 그러나 한편으로는 점점 더워지고 있는 지구를 크게 식혀 주고, 극지에서 사라지는 빙하를 다시 만들어 주는 현상이 한파입니다. 지구온난화가 진행되는 상황에서 폭염이 심해지는 현상에 반해 지구의 기온이 균형을 잡도록 돕는 겁니다. 이것이 한파의 자연 서비스 기능이 주는 혜택입니다. 그러니 한파의 숨은 과학적 원리를 잘 이해하고 대처하여 혜택만 누릴 수 있도록 노력해야겠죠.

얼마나 추워야 한파 특보가 발표될까

한파는 기온이 일정 기준 아래로 급격히 내려가면서 인명과 재산 피해를 만드는 자연재해입니다. 급격하게 기온이 내려가는 모습이 물결처럼 퍼져 나가는 모습과 닮아 파동waves을 뜻하는 파波 자를 붙여 한파寒波라고 해요. 북반구의 겨울은 보통 연말인 경우가 많아 흔히 연말 한파, 크리스마스 한파 같은 표현을 사용하고, 때로는 "동장군이 찾아왔다"고 표현하기도 하죠. 이 표현은 1812년 프랑스의 나폴레옹이 러시아 원정 당시 시베리아의 한파와 폭설 때문에 결국 60만 대군을 잃고 실패한 사건을 두고 영국 언론이 동장군의 승리라고 비꼰 데에서 비롯되었다고 합니다.

아침 최저 기온이 전날보다 급격히 내려가면 기상청에서 한파 특보를 발표합니다. 10월부터 다음 해 4월 사이에 아침 최저 기온이 전날보다 섭씨 10도 이상 내려가 섭씨 3도 이하이고, 평년보다 섭씨 3도 낮을 것으로 예상되거나 아침 최저 기온이 섭씨 영하 12도 이하가 이틀 이상 지속될 것으로 예상될 때 한파주의보를 발표합니다. 또한 아침 최저 기온이 전날보다 섭씨 15도 이상 내려가 섭씨 3도 이하이고, 평년보다 섭씨 3도가 낮을 것으로 예상되거나 아침 최저 기온이 섭씨 영하 15도 이하가 이틀 이상 지속될 것으로 예상될 때는 한파경보를 발표하죠. 이 밖에도 급격한 저온 현상으로 큰 피해가 예상되면 한파주의보, 좀 더 광범위한 지역에서 큰 피해가 발생할 것 같으면 한파경보를 발표해요. 한파주의보와 한파경보는 별도로 해제하지 않습니다. 낮에는 온도가 다시 올라가 자동 해제되니까요.

한파가 오면 동상이나 저체온증 같은 한랭 질환 말고도 독감이나 감기 같은 급성 호흡기 감염증에 걸려 고령자나 만성 질환자들의 사망률이 늘어나는 직접적 피해를 겪습니다. 수도관 동파, 농작물이나 수산 양식장의 물고기가 죽는 등 시설과 재산 피해도 발생하고요. 질병관리청 자료에 따르면, 겨울에 기온이 크게 떨어진 날에는 하루 최대 한랭 질환자 수가 바로 늘어납니다. 노약자나 추운 날씨에 오랫동안 야외 활동을 하는 사람들의 경우 한랭 질환, 심근경색, 뇌졸중 등이 발생할 확률이 높고, 바닥에 미끄러지거나 높은 곳에서 떨어지는 낙상 사고를 당하기도 하죠.

대기 대순환과 한파

다음 그래프는 연도별로 전 세계의 자연재해 사망자 수를 기록한 자료예요. 2003년과 2010년에는 지진과 해일 말고 가장 많은, 수만 명 이상의 사망자를 낸 무서운 자연재해가 있었다는 사실을 알 수 있습니다. 극한 기온(extreme temperature)와 악기상(좋지 않은 날씨, extreme weather)이 원인인데, 이 두 해에는 극한 기온으로 인한 사망자 수가 특히 많았습니다. 기온은 너무 높아도, 너무 낮아도 문제가 됩니다. 2003년은 유럽 폭염이 극에 달한 해라 기온이 너무 높아서 문제였다면, 2010년은 북반구 곳곳에서 한파로 인

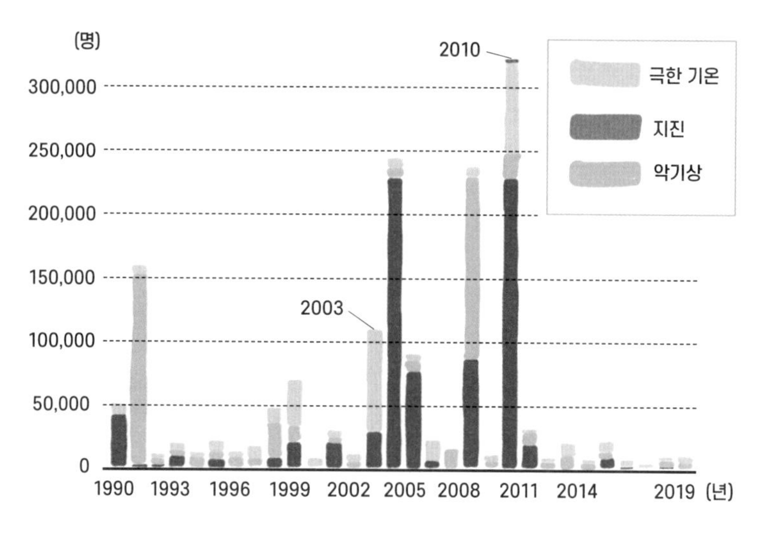

원인별 자연재해 사망자 수

한 인명 손실이 컸던 해라 기온이 너무 낮아서 문제였습니다.

2010년 한파가 발생한 원인을 이해하려면 앞에서 설명한 대기 대순환을 다시 살펴보아야 합니다. 지구에 도달하는 태양 복사 에너지의 양이 많아 가열이 잘 되는 저위도에서는 기온이 높아지며 상승기류가 발달하고, 그로 인해 비가 많이 오죠. 적도에서 상승한 기류는 북위 30도와 남위 30도 중위도 부근에서 다시 하강하고, 북위 60도와 남위 60도 부근에서 또다시 상승하며 비나 눈이 많이 내리고요.

이렇게 구성되는 북반구와 남반구 각각 세 개씩의 대류셀 사이 상공에는 제트기류가 흐릅니다. 아주 강한 바람인 제트기류는 서쪽에서 동쪽으로 위도를 따라서 흐르면서 지구 주변을 뱅뱅 도는 기류로, 위도 30도 부근 상공에서는 열대 제트기류, 위도 60도 부근 상공에서는 한대 제트기류가 흐르고 있습니다. 그런데 제트기류는 항상 일정한 경로로만 흐르는 것이 아니라 고위도와 저위도를 뱀처럼 사행하면서 들쑥날쑥 흐르기도 해요. 이처럼 제트기류가 심하게 사행하며 흐르는 음의 위상과 일정한 위도에서 똑바로 흐르는 양의 위상을 넘나드는 진동을 북극진동arctic oscillation이라고 부릅니다. 북극의 찬 공기로 이루어진 소용돌이 모양의 기류가 짧게는 수십 일에서 길게는 수십 년을 주기로 강약을 되풀

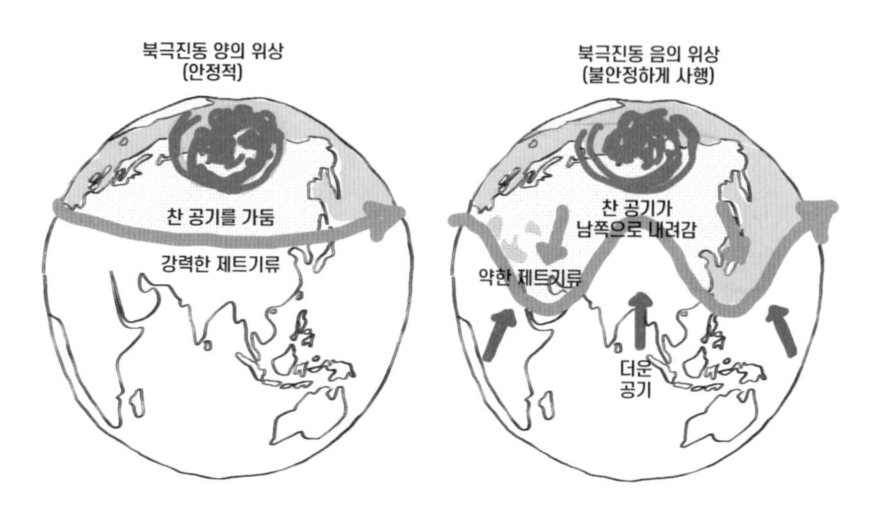

북극진동 양의 위상과 음의 위상

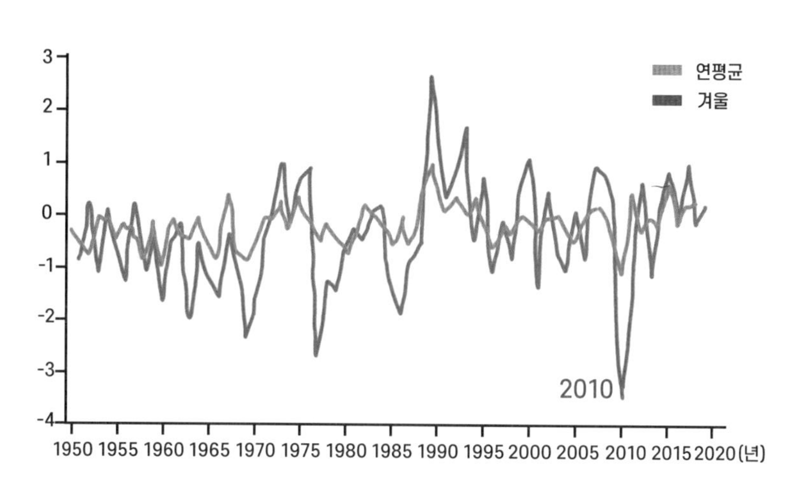

연도별 북극진동의 수치 변화

이하는 현상이에요.

그림과 같이 제트기류가 일정한 위도를 따라 곧은 경로로 흐르는 북극진동 양의 위상일 때에는 북극 냉기가 고위도에만 갇혀 있어 중위도까지 내려오지 않지만, 제트기류가 심하게 사행하는 북극진동 음의 위상일 때에는 북극에 있던 한기가 중위도까지 내려올 수 있습니다. 그래서 제트기류가 심하게 사행할 때 일부 중위도 지역으로 북극 한기가 내려와 평소 경험하지 못한 극단적인 기온 강하와 한파를 경험하게 되죠.

이러한 북극진동 현상을 연도별로 수치화한 그래프를 볼까요? 여기서 음의 위상으로 정점을 보이는 해가 바로 한파 피해를 크게 입었던 2010년입니다. 2009년 말부터 2010년 초까지 북반구 겨울에 해당하는 이 시기에 제트기류가 심하게 사행하다 보니, 중위도까지 북극의 한기가 내려와 당시 북아메리카, 유럽, 아시아 등 북반구 곳곳에서 잇따라 한파 피해가 발생했죠.

제트기류가 북아메리카 대륙 서부에서 로키산맥의 영향으로 북쪽으로 사행했다가, 북아메리카 대륙의 북동부 지역에서는 남쪽으로 사행하며 북극의 한기를 중위도까지 몰고 내려왔기 때문입니다. 그 결과 미국 미네소타주는 섭씨 영하 37도까지 떨어졌고, 미국 동부 지역은 기록적인 한파에 폭설까지 겹치면서 7만여 명이 사망하자 정부에서 비상사태를 선포할 정도였죠. 도로에서는 50중 추돌 사고가 발생하고, 2010년 1월 10일 하루 동안 수천 편의 항공기가 결항하는 등 각종 교통대란이 벌어졌습니다.

유럽에서도 제트기류가 사행하며 북극 한기가 중위도까지 내려온 지역이 있었습니다. 영국 일부 지역에서는 직장인의 40퍼센트가 출근하지 못하는 상황이 발생했고, 주요 공항들이 폐쇄되었죠. 북유럽의 노르웨이와 스웨덴은 각각 섭씨 영하 41도, 영하 44도를 기록했고요. 폴란드에서는 노숙자 70여 명이 동시에 사망하는 일이 벌어지기도 했어요.

서쪽에서 동쪽으로 지구 둘레를 따라 흐르는 경로에서 제트기류가 심하게 사행하며 남쪽으로 내려오는 위치가 동아시아에도 있습니다. 동아시아도 2009년 말부터 2010년 초까지 겨울에 극심한 한파에 시달렸는데, 중국 베이징에는 59년 만에 최대 폭설이 내렸고 우리나라와 일본도 마찬가지였습니다. 온도가 많이 떨어진 상태에서 강수량이 증가하며 폭설이 내려 모든 도로가 통제되고 대중교통 이용이 어려워져 출근길이 마비되었습니다. 동아시아의 경우 평년보다 수온이 낮아지는 라니냐 현상이 영향을 줘 더욱 심한 한파가 발생했다는 보고도 있습니다.

우리나라 주변 지역의 한파는 크게 두 종류로 웨이브 트레인

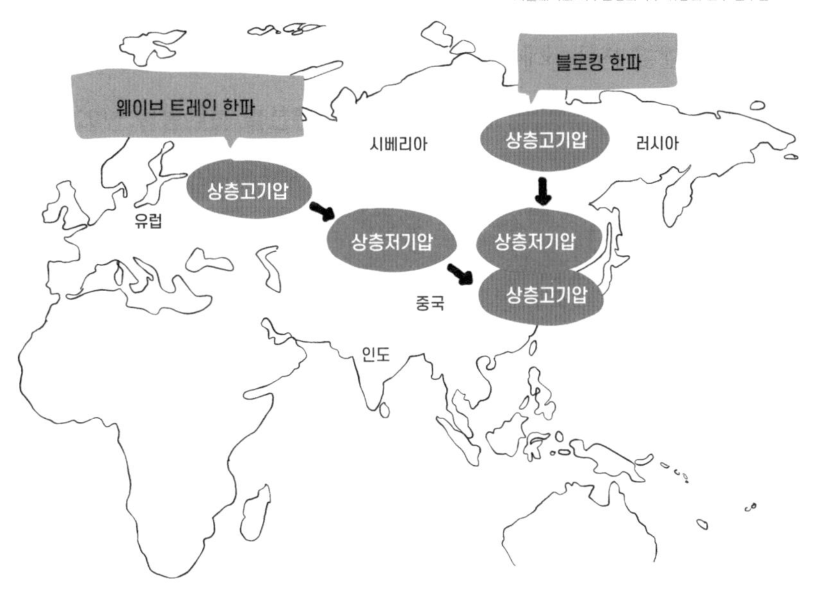

한반도를 기습하는 두 종류의 한파

wave train 한파와 블로킹blocking 한파입니다. 웨이브 트레인 한파는 고기압과 저기압이 번갈아 가며 유라시아 대륙에서 동아시아로 이동하는 현상이에요. 이 웨이브 트레인 때문에 대기 아래층에 북서풍이 불면서 북극의 냉기가 한반도 등에 전달되어 한파가 발생합니다. 웨이브 트레인 한파가 발생하면 한파는 짧은 기간만 머물다 지나갑니다. 특히 고기압과 저기압이 번갈아 지나갈 때마다 추운 날과 따뜻한 날이 반복되므로 '삼한사온'이 웨이브 트레인 한파와 관련된 현상이라고 할 수 있죠.

반면 북극진동이 음의 위상으로 강화할 때 제트기류가 심하게 사행하면서 중위도 남쪽까지 영향을 주면 한자리에 오랫동안 고기압이 정체됩니다. 이것을 저지 고기압 또는 블로킹 한파라고 해요. 고기압이 정체되면서 짧게는 열흘, 길게는 한 달 넘게 한파가 지속되죠.

1979년부터 2005년까지 총 262건의 한파가 발생했는데, 이 가운데 기타 유형을 제외하고 웨이브 트레인 한파 유형이 130건, 블로킹 한파 유형이 85건이었다고 합니다.

해양 순환과 북반구 빙하기

지금까지 대기 대순환 때문에 겪는 한파에 대해 알아보았습니다. 그런데 만약 해양 순환까지 영향을 주면 어떻게 될까요? 2004년 개봉한 〈투모로우〉는 북반구 중위도에 빙하기가 온다는 설정을 바탕으로 한 영화입니다. 물론 공상과학 영화인 만큼 상상력에 따라 과장된 측면이 분명히 있지만, 과학적 근거가 전혀 없는 시나리오는 아닙니다. 영화에서 빙하기가 온 이유는 해양

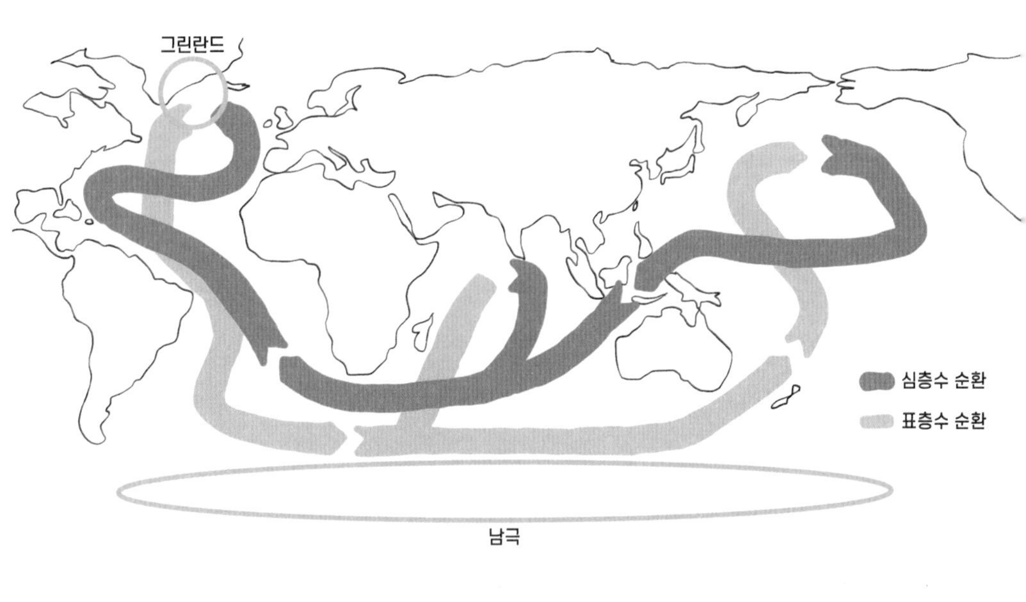

순환에 이상이 생겨 저위도의 남는 열 에너지를 고위도로 잘 공급하지 못하기 때문이었죠. 여기에는 어떤 과학적 근거가 있을까요?

바닷물은 수온이 낮을수록, 염분이 높을수록 무겁습니다. 표층의 바닷물이 냉각되어 수온이 낮아지고 해빙(바닷물이 얼어서 생긴 얼음)이 형성되면서 빠져나오는 소금이 염분을 높이면, 밀도가 증가해 무거워진 바닷물이 심해로 가라앉아 심층수가 만들어지죠. 이처럼 냉각과 해빙이 활발하게 일어나 심층수가 만들어지는 대표적 장소가 북반구에서는 북대서양의 그린란드 주변, 남반구에서는 남극 대륙 주변입니다.

그런데 지구온난화로 인해 표층 바닷물의 수온이 높아지고 해빙이 녹아 염분이 낮아짐에 따라 표층 바닷물이 충분히 무거워지지 않으면, 심층수가 잘 만들어지지 않아 해양 순환에 문제가 생깁니다. 이렇게 해양 순환에 문제가 생기면 저위도에서는 남는 열 에너지를 고위도로 잘 전달하지 못해 열이 빠져나가지 못하므로 더워지겠지만, 고위도에서는 열을 공급받지 못해 더 추워져 빙하기가 올 수 있습니다.

실제로 해양 순환은 바닷물의 밀도 차이 때문에 만들어지며, 그 밀도 차이를 만들어 내는 원인이 수온과 염분이어서 해양 순환을 '열염분 순환'이라고 부르기도 합니다. 〈투모로우〉의 빙하기 설정을 통해서도 지구의 열염분 순환이 제대로 이루어지지 않으면 기후가 제대로 작동하지 못한다는 것을 알 수 있죠. 물론 영화에서처럼 단기간에 빙하기가 올 가능성은 아주 희박해요. 하지만 현재 나오고 있는 여러 예측이 확실하지 않은데도 전문가들은 2100년까지 지구온난화가 지속되면 해양 순환이 점차 약해질 것으로 보고 있습니다. 언젠가 정말 빙하기가 올 수도 있다는 말이죠.

지구온난화로 해빙이 빠르게 녹으며 태양 복사 에너지가 북극해에 더 많이 흡수되어 북극진동이 음의 위상으로 강화되고, 제트기류가 심하게 사행하면서 대기 순환이 바뀌고 있습니다. 그래서 2010년처럼 북반구 일부 중위도에서는 한 번씩 아주 극심한 한파가 발생하고 있죠. 더욱이 지금처럼 바닷물 수온도 계속 높아지다 보면 해양 순환이 제대로 작동하지 못해 빙하기까지 올 수 있으니 기후위기의 심각성을 절대 지나쳐서는 안 됩니다.

한파에서 살아남기 위해 기억해야 할 다섯 가지 기본 개념

첫째, 자연재해는 과학적 평가로 예측할 수 있습니다. 물론 미래 지구 환경을 예측할 땐 늘 어느 정도의 불확실성을 가지고 있죠. 그럼에도 과학적 평가를 통해 제트기류가 어떻게 사행하며, 언제 어디에서 얼마나 심한 한파가 닥칠지 예측할 수 있습니다. 이러한 과학적 예측 결과를 근거로, 다음 날 아침에 기온이 급격히 떨어진다고 예상되면 한파 특보를 발표해서 사람들에게 알리고 미리 대비하여 피해를 최소화할 수 있습니다.

둘째, 자연재해 피해 효과를 파악하기 위해서는 위험 분석이 중요합니다. 한파도 그 위험 정도를 수치적으로 분석하여 피해 효과를 파악할 수 있습니다. 과거에 일어난 한파 사례를 분석해 전날 대비 기온이 언제 어디에서 얼마나 떨어지는지, 어떤 위험 요소가 있을지 사전에 분석하는 일은 한파의 피해를 파악하는 데 매우 중요해요. 소 잃고 외양간을 고치는 것보다는 소를 잃지 않도록 대비하는 게 훨씬 더 경제적이라는 것을 꼭 기억해야 합니다.

셋째, 자연재해와 물리적 환경, 그리고 서로 다른 재해 사이에는 밀접한 관련이 있습니다. 2010년 한파 사례를 통해 알 수 있죠. 제트기류는 아무 곳에서나 사행하는 것이 아니라 로키산맥 지형 같은 물리적 환경의 영향을 받아 특정 경로로 사행하고, 특정 지역에 북극발 한파가 집중됩니다. 또한 같은 수증기가 공급되어도 한파가 발생하면 쉽게 폭설이 내리듯이 서로 다른 재해가 관련 있습니다.

넷째, 과거의 재난이 미래에 더 큰 재앙이 될 수 있습니다. 과거에도 한파가 있었지만, 2010년에는 북아메리카, 유럽, 동아시아 등 지구 곳곳이 극심한 한파를 겪었죠. 기후위기가 계속되는 한 지금보다 더욱 강한 한파가 앞으로도 엄청난 피해를 줄 수 있다는 것을 명심해야 합니다.

다섯째, 한파도 다른 자연재해와 마찬가지로 우리의 노력에 따라 그 피해를 줄일 수 있다는 점을 이해하는 것이 가장 중요합니다.

텔레비전, 라디오, 인터넷 등에서 한파 예보가 나오면 최대한 야외 활동을 하지 말고, 추위에 약한 사람들의 건강 관리에 신경 써야 합니다.

어쩔 수 없이 외출할 때는 내복, 목도리, 모자, 장갑 등으로 철저히 보온해야 합니다.

수도계량기, 보일러 배관 등은 헌 옷 등으로 채우고, 바깥은 테이프로 잘 막아 찬 공기가 들어가지 않도록 합니다. 오랜 기간 집을 비울 때는 수도꼭지를 조금 열어 동파를 방지합니다.

겨울 빙판길에서 낙상 사고를 줄이려면, 보폭을 평소보다 10~20퍼센트 줄이고, 굽이 낮은 미끄럼 방지 밑창 신발을 신습니다. 특히 옷 주머니에 손을 넣거나 스마트폰을 보면서 걷지 않습니다.

저체온증에 걸리면 말이 어눌해지거나 기억을 잘 못 하고 점점 의식이 흐려져요. 팔다리가 심하게 떨리기도 하죠. 신속히 병원으로 가거나 바로 119에 신고합니다. 젖은 옷은 벗기고 담요나 침낭으로 감싸 줍니다. 겨드랑이, 배 위에 핫팩이나 따뜻한 물통 등을 두면 좋지만, 없으면 사람을 껴안는 것도 체온을 높이는 데 효과적입니다.

동상은 가장 흔한 한랭 질환입니다. 1도 동상은 통증이 생기고 피부가 붉어지고 가려움, 부종이 생기고, 동상 2도는 피부가 검붉어지고 물집이 생깁니다. 동상 3도가 되면 피부와 피하 조직이 죽으면서 감각을 잃어버려요. 동상 4도는 근육과 뼈까지 죽고 말죠.
동상 환자는 무엇보다 병원으로 데려가는 것이 우선이나 어려울 경우 다음과 같이 해 주세요. 환자를 따뜻한 곳으로 옮긴 뒤 동상 부위를 섭씨 38~42도의 따뜻한 물에 30분에서 한 시간 정도 담가 둡니다. 동상 부위를 약간 높게 하면 부종과 통증을 줄일 수 있어요. 다리와 발에 동상이 걸린 환자는 들것으로 운반합니다. 다리에 동상이 걸린 환자는 녹고 난 후에도 걸어서는 안 됩니다.

폭설

녹지 않고 무겁게 쌓이는 눈

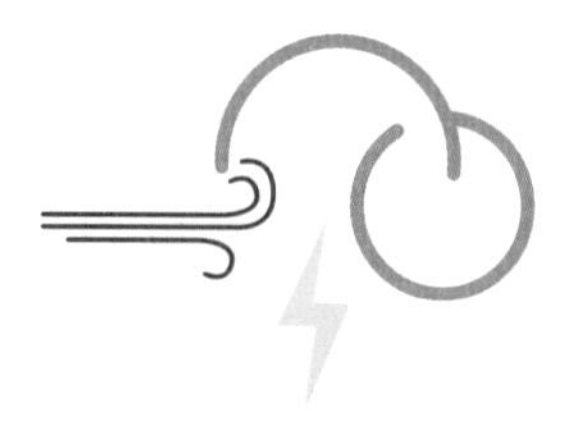

강수량이 너무 많으면 홍수가 나고 기온이 너무 내려가면 한파에 시달리게 됩니다. 이 두 가지가 합쳐져 기온이 내려간 상황에서 강수량이 늘면 폭설(대설)이 내리고요. 적당한 눈은 아름다운 설경과 각종 겨울 스포츠를 즐길 수 있는 환경을 만들어 주고, 메마른 땅에 물을 공급해 주기도 합니다. 하지만 폭설은 우리에게 피해를 주는 자연재해입니다. 폭설도 자연의 두 가지 얼굴, 자연 서비스 기능과 자연재해의 모습을 가지고 있죠. 눈이 많이 내리는 것은 과학적 작동 원리에 따라 나타나는 자연현상이므로 우리가 자연 서비스 기능의 혜택을 누리려면 먼저 폭설이 발생하는 원인을 알아야 합니다.

폭설 예측은 어렵다

매년 겨울 과연 우리나라에 폭설이 올지 알 수 있을까요? 폭설이 온다면 어디가 가장 위험할까요? 오늘날의 과학 기술로는 수개월 전에 미리 특정 지역에 폭설이 올지 안 올지 파악하기 어렵습니다. 폭설의 과학적 작동 원리를 아직도 충분히 이해하지 못하고 있는 거죠. 그렇지만 며칠 후에 어디에 얼마나 눈이 내릴지는 과학적 사실을 근거로 예보할 수 있습니다. 기상청에서는 하루 이틀 전에 예상되는 적설량(땅 위에 쌓여 있는 눈의 양)을 바탕으로 대설주의보나 대설경보 같은 대설 특보를 발표합니다.

하루 동안 새로 내리는 눈의 양, 즉 24시간 신적설이 5센티미터를 넘을 것으로 예상되면 대설주의보, 20센티미터를 넘을 것으로 예상되면 대설경보를 발표합니다. 다만 산지는 30센티미터가 넘을 것으로 예상될 때 대설경보를 발표합니다. 산지는 평소에도 눈이 많이 와 눈에 대한 여러 대비가 상대적으로 잘되어 있어 체감 정도가 다르거든요.

그런데 실제로 언제, 어디에, 어느 정도의 눈이 내릴지 정확히 알아내는 것은 현재의 과학 기술을 활용해도 여전히 쉽지 않습니다. 강수가 비가 될지, 비와 눈이 섞인 진눈깨비가 될지, 아니면 얼음 결정으로 완전한 눈이 되어 내릴지를 알아내는 것은 그리 간단한 일이 아닙니다. 비의 형태로 내리는 강우량은 상당히 정확하게 예상할 수 있어도 눈의 형태로 내리는 강설량을 예상하는 일은 훨씬 어렵다 보니 폭설은 폭우에 비해 예측 불확실성이 더 크다고 할 수 있습니다.

폭설은 왜 발생할까

과학적으로 눈은 구름 속 빙정(얼음 결정)이 떨어지는 도중 녹지 않고 지표까지 내려온 것, 수증기압이 높고 어는점 아래에서도 얼지 않은 과냉각 물방울이라고 정의합니다. 수증기에 빙정이 달라붙으며 크기가 커지고 질량이 증가하다가 지상의 기온이 낮

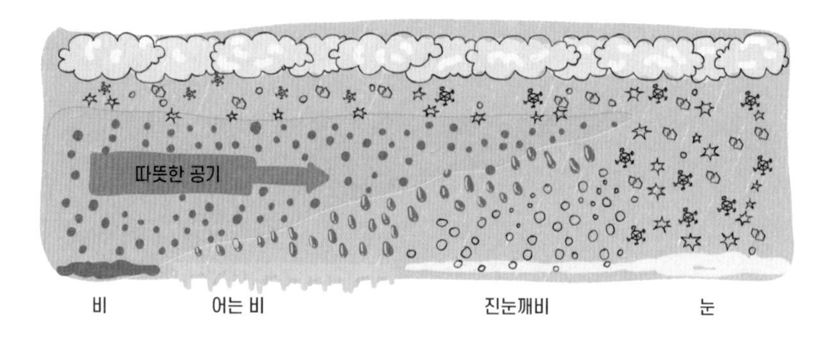

눈의 종류

아지면 떨어집니다. 이때 빙정이 녹아 물로 떨어지는 것이 아니라 고체 그대로 떨어질 때 눈이 되죠.

습도가 낮아 건조한 눈은 건설, 반대로 습도가 높은 눈은 습설이라고 합니다. 건설은 가루처럼 내리는 가루눈 형태로 기온이 낮을 때 많이 볼 수 있으며, 빙정에 포함된 수증기가 적어서 눈 입자가 작고 가벼워요. 결정이 가늘고 단단하여 잘 뭉쳐지지 않고 수증기의 양도 적어서 미끄럽지 않고요. 건설은 주로 극지방같이 추운 곳에서 나타납니다.

반면 습설은 흔히 함박눈이라고 부르는 눈입니다. 지상의 기온이 영상에 가까울 때 내리는 눈이어서 눈송이가 떨어지며 조금씩 녹아 서로 엉기기 때문에 크고 잘 뭉쳐지죠. 자동차나 건물 지붕에 쌓이는 눈이 주로 습설로, 빨리 치우지 않으면 쌓인 눈의 무게에 눌려 파손되거나 내려앉을 수도 있습니다. 한반도는 주변이 바다로 둘러싸여 있어서 해상에서 수증기를 잔뜩 머금은 눈이 내륙으로 와 내리기 때문에 건설보다 습설이 많죠.

5장 한파 편에서 알아본 것처럼 2010년은 한파 피해가 아주 컸던 해입니다. 한파가 발생한 상태에서 수증기가 공급되면 눈이 만들어지고 폭설도 더 쉽게 발생합니다. 한파가 발생한다고 해서 반드시 폭설이 내리지는 않지만, 한파가 있으면 폭설이 내릴

가능성이 늘어나죠. 겨울에는 대륙의 공기가 식으면서 상대적으로 따뜻해진 바다에 상승기류가 우세해지고, 대륙에서 바다 쪽으로 바람이 붑니다. 이때 대륙의 차가운 대기가 따뜻한 바다 위에서 흘러 온도 차이가 커지면 수증기가 잘 생기고 과포화 상태가 되어 쉽게 구름이 만들어집니다. 그래서 우리나라 같은 동아시아 몬순 지대에서는 겨울에 부는 북서풍이 따뜻한 황해 위에 차가운 공기를 가져와 많은 눈을 내리게 하죠.

폭설도 폭우와 마찬가지로 전 지구적 물 순환과 관련이 깊습니다. 바다의 물이 증발하여 수증기가 된 뒤 비나 눈으로 내려왔다가 결국 다시 바다로 되돌아가면서 끊임없이 순환하는 물 순환의 과정을 이해해야 하죠. 강수 패턴도 중요합니다. 어떤 지역은 증발이 활발하여 강수보다 증발이 우세하고 건조한 특성이 나타나는 반면, 어떤 지역은 증발보다 강수가 우세하여 비나 눈이 많이 내리는 겁니다. 그 가운데 눈이 많이 내리는 곳이 바로 폭설이 잘 발생하는 곳이고요.

비나 눈은 과학적 작동 원리에 따라 조건이 갖추어진 지역에서 특정한 조건을 만족할 때 내립니다. 그럼 비나 눈은 어디에서 많이 내릴까요? 4장 폭우와 홍수 편에 나온 87쪽 그림을 보면, 지역별로 증발과 강수의 상대적인 우세 정도가 잘 나타나 있습니다. 4장에서도 설명한 것처럼 태평양, 대서양, 인도양의 적도 부근 열대 해역을 따라 강수가 우세하고 비가 많이 내립니다. 반면 중위도에서는 증발이 더 우세하여 비가 잘 오지 않고 맑은 하늘과 구름을 보기 쉽고요. 여기서 더 고위도로 가면 다시 강수가 우세해지면서 비와 눈이 모두 내리는 지역이 되죠. 일본 북부에서 캐나다 북부를 연결하는 북태평양 북부, 알래스카부터 캐나다 서부 연안, 그리고 캐나다 동부 연안과 그린란드 북유럽으로 이어지는 고위도 부근이 많은 눈이 내리는 곳입니다.

이렇게 적도 부근과 고위도에서는 강수가 더 우세하고, 중위도는 증발이 우세한 강수 패턴이 나타나는 이유는 3장과 4장에서 다루었던 것처럼 대기 대순환이 북반구와 남반구 각각 세 개의 셀로 구성되어 있기 때문입니다. 더불어 위도에 따라 흡수하는 태양 복사 에너지의 양이 달라서 대기가 균등하지 않게 가열되므로 상승기류가 우세하고, 구름이 잘 만들어지는 적도 부근 저위도와 위도 60도 부근의 고위도에서는 강수가 우세하죠.

이처럼 위도에 따라 강수량이 많은 곳과 적은 곳이 구분되지만, 장기간의 평균적인 상태를 의미하는 것일 뿐 늘 일정하진 않아서 어떤 해는 평년보다 훨씬 많은 눈이 내리며 폭설 피해를 주는 겁니다.

우리나라 폭설의 특징

2009년부터 2018년까지 우리나라 자연재해별 피해 금액을 집계한 표를 보면 2010년, 2011년, 2014년에 폭설 피해액이 300억 원 이상이었습니다. 이 세 개의 사례를 통해 우리나라 폭설의 특징을 살펴볼까요?

2010년 폭설

다음은 폭설 전후에 촬영한 인공위성 사진으로, 왼쪽은 2010년 1월 3일 사진이고 오른쪽은 2010년 1월 5일 사진입니다. 폭설이 온 뒤엔 경상도 일부를 제외한 모든 지역이 하얗게 된 것을 볼 수 있습니다. 당시 서울에 25센티미터 이상 쌓인 눈은 1937년 이래 최대 신적설을 기록했죠. 이 폭설 때문에 수도권을 포함해서 강원도 일대가 상당한 피해를 입었습니다. 우선 폭설이 내린 시간이 출근 시간과 겹치면서 주요 도로에서 교통대란이 일어나고, 낮에도 기온이 영하에 머무른 탓에 쌓인 눈이 잘 녹지 않아 퇴근 시간까지 아주 심한 정체가 이어졌습니다. 뿐만 아니라 크고 작은 교통사고가 잇따라 발생해서 보험사의 긴급 서비스 전화가 폭주하고, 물류 업체의 택배 업무도 모두 마비되었죠. 농촌의 비닐하우스, 축사, 인삼 재배 시설들이 파손되었고요.

2010년 1월 3일

2010년 1월 5일

2010년 1월 폭설 전후 인공위성 사진

당시 기상청에서는 폭설을 어느 정도 예측하고 있었어요. 그래서 하루 전날인 1월 3일 오후에 중국 북부 지방에서 한반도를 향해 오고 있는 저기압의 영향을 받아 중부 지방을 중심으로 전국에 눈이 내린다는 예보를 발표했습니다. 경기도 남부, 충청도 북부, 강원도 북부를 중심으로 많은 눈이 내리고, 서울에는 5센티미터 안팎의 적은 눈이 내릴 것이라고 예보했죠. 그런데 서울, 경기도 북부, 강원도 북부 등에 20센티미터 안팎의 많은 눈이 내리면서 예보와 커다란 차이가 나자 많은 비판을 받았습니다.

5장 한파 편에서 확인한 것처럼 2010년 1월은 지구 북반구 전체에서 역대급 한파가 발생했던 시기입니다. 북극진동이 음의 위상이 되어 제트기류가 심하게 사행하면서 고위도의 차가운 냉기가 중위도까지 확장되었던 때이고, 당시 동아시아 겨울 계절풍으로 강해진 북서풍이 시베리아의 차고 건조한 대기를 한반도 쪽으로 유입시키고 있었으니까요. 황해는 겨울 공기에 비해 따뜻한 바닷물로 채워져 있으니, 그 위에 찬 공기가 유입되면 해양과 대기 사이의 온도 차이가 커져 많은 눈구름이 만들어집니다. 2010년 1월 5일에 촬영한 인공위성 사진에서도 황해 쪽에 북서-남동 방향의 눈구름 띠가 많다는 것을 확인할 수 있습니다. 여기에 산악지형을 타고 상승기류가 강화하는 지역에는 더욱 많은 눈구름이 만들어지면서 폭설이 내렸습니다.

인공위성 사진의 눈구름 띠 분포를 보면, 황해에서는 우세하게 불었던 북서풍이 중부 내륙 지방에서는 서풍에 더 가까워졌습니다. 만약 중부 내륙 지방에서도 북서풍이 불었다면 전라도, 충청남도 등 남부 지방까지 많은 눈이 내렸겠죠. 그런데 내륙에서는 서풍이 우세하다 보니 서울, 경기도, 강원도 북부 등의 중부 내륙 지방에 눈이 많이 내리면서 기상청 예보가 어긋났어요. 결국 대설 특보가 발령되지 않아 제대로 대비하지 않았던 지역에는 예상보다 많은 눈이 내려 큰 피해를 주었습니다.

사실 당시에는 한반도에서의 기상 조건뿐만 아니라 전 지구적으로도 북반구 중위도에 겨울 강수량을 많이 만드는 조건이 마련되었습니다. 지구온난화로 북극 해빙이 빠르게 녹으며 태양 복사 에너지가 북극해에 더 많이 흡수되어 북극진동이 음의 위상으로 강화되고 제트기류가 심하게 사행했거든요. 시베리아의 대륙성 고기압이 평년보다 좀 더 일찍 발달하여 북극의 냉기가 남쪽으로 내려오는 동시에 동아시아 일대의 중위도에서는 2009년 12월부터 이미 한파가 발생하고 있었습니다. 더구나 열대 태평양에서 불어오는 무역풍도 때마침 약해졌죠. 이로 인해 인도네시아 일대의 열대 서태평양 부근 저위도 강수량은 줄어들고 반대로 열대 서태평양 부근 중위도 강수량은 늘어나는, 엘니뇨 현상이 나타납니다. 엘니뇨 현상이 나타나면 일반적으로 동아시아의 강수량이 평년보다 늘어나는 특성이 있는데, 기온이 낮은 상태에서는 비구름보다 눈구름을 만들기 쉬운 조건이 된 거죠.

2011년 폭설

2011년은 인공위성 사진에서 보듯이 강원도 영동 지방이 눈으로 뒤덮여 있는 모습에서처럼 동해안 인근 지역에 집중된 강설

패턴이 나타납니다. 영동 지방은 2011년 1월 초와 2월 중순, 두 차례에 걸쳐 기록적인 폭설이 내려 우리나라에서 폭설 대비도가 상대적으로 높은 곳임에도 불구하고 속수무책으로 큰 피해를 받았습니다.

2011년 2월 11일 밤부터 동해, 강릉 등 영동 지방에 많은 눈이 내리기 시작했습니다. 그전까지는 가뭄 피해가 컸기 때문에 눈이 오면서 가뭄이 해소되는 자연 서비스 혜택을 누리는 상황이었죠. 그런데 눈은 12일 오전에도 멈추지 않고 계속 내렸고 결국 문제가 생겼습니다. 기온이 낮은 상태에서 무거운 습설이 녹지 않고

2011년 2월 12일

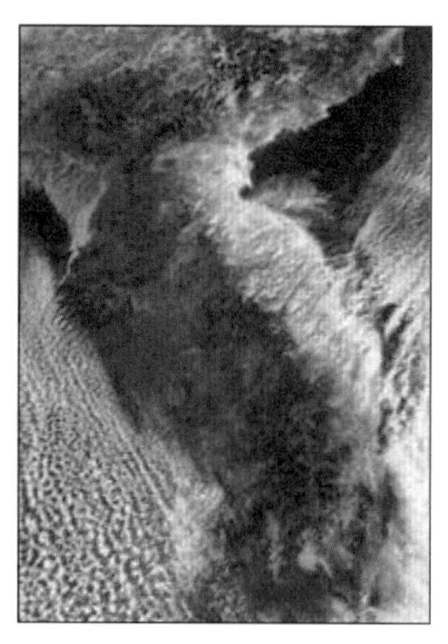

계속 쌓였거든요. 동해 1미터, 삼척 1미터 10센티미터, 강릉 1미터 20센티미터라는 높은 적설량을 기록했습니다. 영동선, 태백선 등의 열차가 멈추고, 고속도로와 지방도로 모두 마비되어 짧게는 여섯 시간, 길게는 스무 시간까지 차 안에 고립되자 일부 사람들은 아예 걸어서 이동했다고 해요. 도시 기능이 마비되면서 지역 경제까지 큰 타격을 입었고, 산지에서는 고립된 마을들이 생겨서 군부대가 제설 지원 활동을 벌이기도 했죠.

2011년 폭설 역시 2010년 폭설과 비슷합니다. 일단 기온이 크게 내려가고 해양과 대기 사이의 온도 차이가 커져 수증기 공급이 많아지는 비슷한 과정이 있었습니다. 앞의 인공위성 사진을 살펴보세요. 황해에는 많은 눈구름 띠가 북서-남동 방향으로 배열되어 있고, 이와 대조적으로 동해와 영동 지방에는 눈구름 띠가 북동-남서 방향으로 분포되어 있습니다. 동해 해상에서 영동 지방으로 북동풍이 불면 동해에서 수증기를 잔뜩 머금은 다습한 기단이 영동 산간 지방에 수증기를 공급합니다. 더욱이 태백산맥을 따라 상승기류가 잘 발달하는 지형적 효과로 인해 더 많은 구름이 만들어져 특히 동해안 부근의 영동 산간 지방에 많은 눈이 내린 거죠.

2014년 폭설

2014년에도 2011년과 비슷하게 강원도와 경상북도 등에 집중적으로 많은 눈이 내려 폭설이 발생합니다. 2014년에는 2011년과 달리 최장 적설 기간을 103년 만에 깨뜨릴 정도였고, 좀처럼 눈을 보기 힘든 부산에도 많은 눈이 내렸습니다. 2월 10일부터는 화물열차가 감축 운행되고 일부 구간은 아예 운행이 중단되었어요.

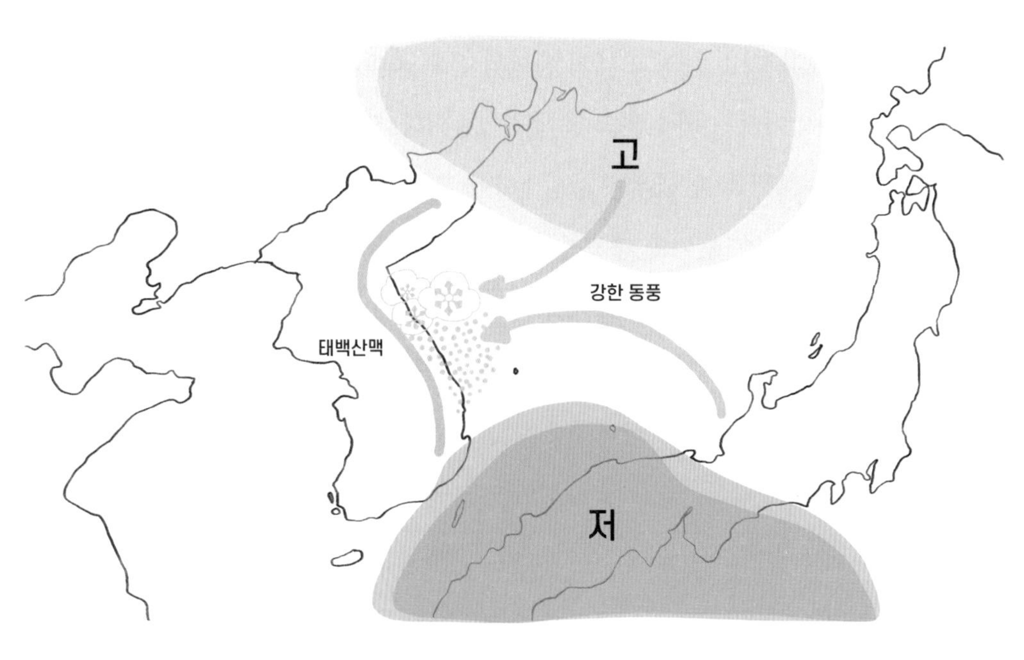

태백산맥의 지형적 효과

곳곳에서 건물 지붕이 무너지고 건축 시설이 파손되면서 인명 피해도 발생했고요. 당시 경상북도 경주의 한 리조트에서는 대학교 신입생 환영회 도중 강당 건물 지붕에 쌓인 눈의 무게를 견디지 못하고 지붕이 무너지는 사고가 일어났습니다. 이로 인해 강당 안에 있던 부산외국어대학교 학생 아홉 명과 이벤트 회사 직원 한 명이 목숨을 잃는 안타까운 일이 있었죠.

2014년 폭설의 발생 원인도 2011년과 매우 비슷합니다. 특히 동해상에 불던 북동풍이 강원도의 태백산맥을 넘으면서 고온 건조해지는 푄 현상이 나타납니다. 이로 인해 상승기류가 강해지고 많은 눈구름이 만들어져 폭설이 내렸죠.

2014년 2월 15일

제가 진행한 최근 연구 결과에 따르면, 동해안 인근 지역의 북동풍과 영동 지방의 겨울 평균 강수량이 모두 동해 해류와 관련이 있습니다. 우리나라 동해안을 따라 북상하며 남쪽의 따뜻한 바닷물을 북쪽으로 수송해 주는 난류(해류 가운데 따뜻한 바닷물을 수송하는 해류)를 동한난류East Korea Warm Current라고 부르는데, 동한난류가 잘 발달하지 않는 해에는 특히 영동 지방에 눈이 많이 오고 폭설이 쉽게 발생했습니다. 또한 동한난류가 발달하는 해에

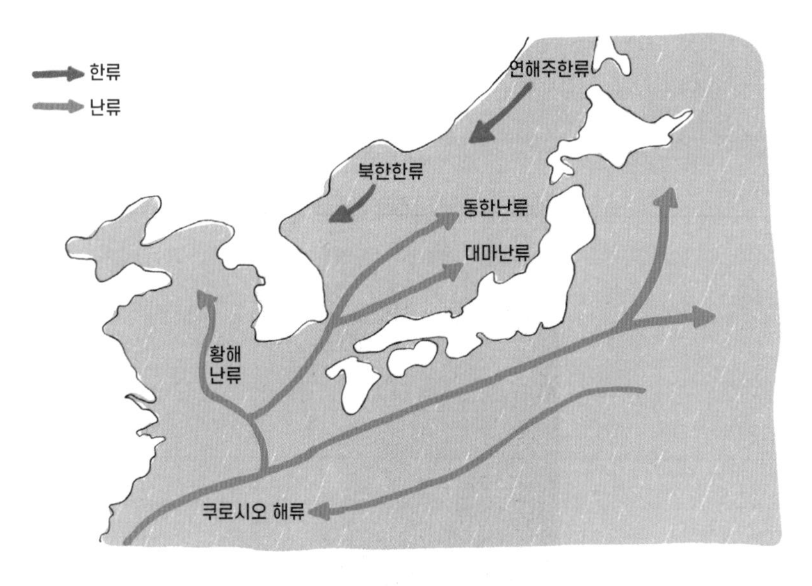

우리나라 바다에서 한류와 난류의 흐름

는 해상 대기 중 경계층이 두꺼워져 상공의 북서풍이 바다 표면 부근까지 잘 전달됩니다. 북서풍의 해상풍이 불어서 태백산맥을 넘어가는 바람이 잘 불지 않으므로 푄 현상이 발생하지 않아 영동 지방에 눈이 별로 오지 않습니다. 그러나 동한난류가 잘 발달하지 않는 해에는 해상 대기의 경계층이 얇아져 상공의 북서풍이 바다 표면 부근까지 잘 전달되지 않죠. 따라서 해상에서 북동풍이 우세해지면서 영동 지방에 강설량이 늘어납니다. 이처럼 폭설은 대기 자체뿐만 아니라 해류 같은 해양의 영향도 받으므로 폭설이 발생하는 원인을 규명하려면 해양과 대기의 상호 작용에 대한 과학적 이해가 중요합니다.

폭설에서 살아남기 위해 기억해야 할 다섯 가지 기본 개념

첫째, 자연재해는 과학적 평가로 예측할 수 있습니다. 폭설 역시 과학적 평가로 며칠 후 어디에, 얼마나 눈이 내릴지 예측할 수 있습니다. 최대한 더 일찍, 더 정확히 예측하기 위해 노력하고 있죠. 기상청에서는 과학적 평가를 통해 폭설이 예상되면 대설 특보를 발령하여 피해에 대비하도록 하고 있습니다.

둘째, 자연재해 피해 효과를 파악하기 위해 위험 분석이 중요하다고 했는데, 폭설도 사전에 위험을 정량적으로 분석해서 피해 효과를 파악할 수 있습니다. 특히 어떤 지역에 어느 정도의 신적설이 발생하는 경우 예상되는 피해를 미리 분석하는 노력은 방재에도 매우 중요합니다.

셋째, 자연재해와 물리적 환경, 그리고 서로 다른 재해 사이에는 밀접한 관련이 있습니다. 영동 지방의 폭설 사례에서 배울 수 있었던 것처럼 동해와 태백산맥이라는 물리적 환경은 영동 지방에 폭설이 자주 나타나는 조건이 되죠. 또한 겨울 북서풍이 수송한 차가운 대기가 따뜻한 황해상에 많은 눈구름을 만들고, 수도권과 영서 지방에 폭설이 내리게 합니다. 이를 통해 폭설이 한파와 폭우 같은 다른 재해와도 밀접하게 관련이 있음을 알 수 있습니다.

넷째, 과거의 재난이 미래에는 더 큰 재앙이 될 수도 있습니다. 2010년 이전에도 강원도의 영동 지방에는 폭설이 자주 발생했습니다. 워낙 눈이 자주 와 폭설 특보의 기준이 다를 정도였죠. 그런데 2010년에는 강원도 일대

는 물론이고 전국적으로 전례 없는 폭설 피해를 입었죠. 전 지구적 규모의 한파와 겹치면서 피해가 더 커졌습니다. 앞에서 살펴본 한파가 극심해질수록 폭설 역시 훨씬 큰 규모로 발생할 수 있습니다.

다섯째, 자연재해 피해는 우리 노력에 따라서 줄일 수 있다는 가장 중요한 개념은 어떨까요? 폭설도 어느 지역에 어느 정도의 신적설이 발생하면 얼마나 취약한지 그 위험을 사전에 분석하고, 폭설이 내릴 가능성을 과학적 평가로 예측해야 합니다. 더불어 각종 관측 장비로 수집한 영상을 통해 실시간으로 감시하며, 빠르고 효율적으로 대응할 때 피해를 줄일 수 있습니다.

경계층boundary layer 해상 부근에 존재하는 상공의 대기와 다른 특성을 가진 대기층을 말하며, 육상의 경계층과 구분하기 위해 해상경계층이라고도 한다. 이 경계층에서는 해상풍이 상공에 비해 약해지고, 난류 사이의 혼합이 활발하여 해양과 대기 사이의 열, 담수, 운동량 교환이 잘 일어난다. 경계층의 두께는 일정한 것이 아니라 기온, 수온, 해상풍 등에 의해 두껍거나 얇게 바뀐다.

폭설은 짧은 시간에 아주 많은 눈이 쌓이므로 눈사태, 교통 혼잡, 시설물이 무너지는 등 피해가 생길 수 있습니다.대설 특보가 발표된 날은 최대한 외출하지 말고, 어쩔 수 없이 외출할 경우에는 옷을 여러 겹 겹쳐 입어서 보온에 신경 써야 합니다.

물이 나오지 않는 단수가 될 수 있으니 욕조 등에 미리 물을 받아 둡니다.

정전에 대비하여 비상용 랜턴과 배터리, 양초와 라이터 등을 구비해 둡니다.

내 집 앞이나 가게 앞 보행로, 지붕이나 옥상에 내린 눈은 가족이나 이웃과 함께 치워 사고를 예방합니다.

최대한 눈길이나 빙판길 운전을 피합니다. 차량을 이용해야 할 경우에는 반드시 스노 체인, 염화칼슘, 삽 같은 차량용 안전 장비를 싣고 다닙니다.

출퇴근을 평소보다 조금 일찍 하고 지하철, 버스 등 대중교통을 이용합니다.

커브길, 고갯길, 고가도로, 교량, 결빙 구간 등에서는 특히 사고위험이 높으므로 천천히 운전해야 하며, 앞차와의 안전거리를 평소보다 두 배 이상 확보하여 운전합니다.

비닐하우스, 임시 건축물 등은 가족이나 이웃과 함께 미리 점검하고, 지붕에 눈이 쌓이기 전에 치워 두거나 받침대 등으로 미리 보강합니다.

폭설이 온 뒤 한파가 이어지면 빙판이 생길 수 있습니다. 외출할 때는 옷을 따뜻하게 입고, 미끄럼 사고를 당하지 않도록 조심합니다.

지진

격렬하게 움직이는 땅

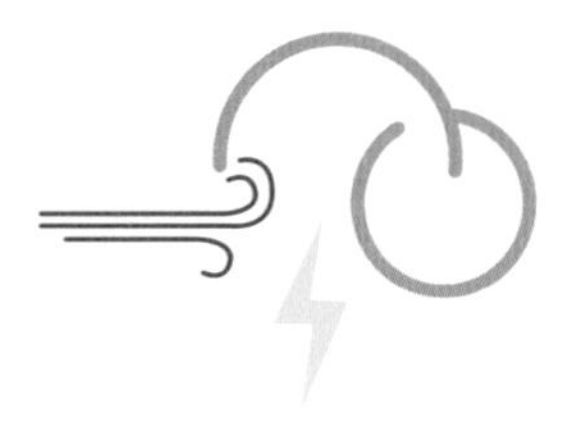

2016년 경상북도 경주와 2017년 경상북도 포항에서 일어난 지진은 우리나라도 결코 지진으로부터 안전하지 않다는 경각심을 일깨워 준 사건이었습니다. 전 세계적으로도 지진은 가장 무서운 자연재해 가운데 하나입니다. 세계보건기구에 따르면, 1998년부터 2017년까지 20년 동안 75만여 명이 지진으로 목숨을 잃었습니다. 전체 자연재해 사망자 가운데 절반이 넘는 56퍼센트가 지진으로 사망한 거죠.

지진은 땅이 흔들리면서 갈라지고 땅속 마그마와 화산재가 분출하면서 끔찍한 상황을 불러옵니다. 하지만 오늘날 우리가 휴양지로 자주 찾는 하와이나 제주도를 비롯한 여러 섬, 아름다운 바다와 산악 지형을 만들어 주기도 해요. 지진에도 자연 서비스 기능이 있는 거죠. 지구의 과학적 작동 원리에 따라 나타나는 자연스러운 현상인 지진도 재해나 재난으로 만나기보다 자연 서비스 기능이 주는 혜택으로 만나도록 노력해야 합니다.

지진과 파인먼 경계

1906년 미국 캘리포니아주 샌프란시스코에서 일어난 대지진의 규모는 7.8이었습니다. 지진이 일어났을 당시 흔들리는 건물도 문제였지만, 지진으로 발생한 화재가 더 큰 피해를 남겼습니다. 이 지진으로 샌프란시스코 인구 40만 명 가운데 사망자가 3,000명, 이재민이 25만 명 이상 생겼으니 끔찍한 수준이었죠.

지구에서는 이처럼 강력한 지진이 끊임없이 발생하고 있습니다. 2010년 한 해 동안 칠레와 아이티에서 두 차례의 큰 지진이 발생했고, 2011년에는 동일본, 2020년에는 튀르키예와 그리스에서 규모 7.0의 큰 지진이 발생했어요. 또 2023년에는 튀르키예와 시리아에서 규모 7.8과 7.5의 강진이 연달아 발생해 엄청난 피해를 입었습니다. 2010년 칠레 지진은 규모 8.0 이상, 아이티 지진은 규모 7.0 이상이었습니다. 그런데 칠레 지진의 사망자 수는 525명, 아이티 지진의 사망자 수는 30만 명 이상으로 엄청난 차이가 납니다. 지진 규모는 아이티 지진이 칠레 지진보다 작았지만 인명 피해는 아이티 지진이 훨씬 컸던 이유는 지진에 취약한 곳의 인구 밀도가 높은 데다, 건물의 내진 설계를 제대로 하지 않았기 때문입니다.

자연재해를 일으키는 원인 자체는 자연현상에서 비롯되지만 그로 인한 피해는 고스란히 사회에 영향을 줍니다. 미국의 지구환경 과학자인 존 머터는 《재난 불평등》에서 '파인먼 경계'라는 말을 썼습니다. 유명 물리학자 리처드 파인먼의 이름에서 따온 말로 자연과학과 사회과학의 경계를 가리키죠. 우리가 자연재해를 다룰 때 자연과학적으로만 접근할 것이 아니라 파인먼 경계의 다른 한쪽인 사회과학적으로도 접근해야 한다는 의미입니다. 즉 자연재해 문제는 자연과학이나 사회과학 어느 한 분야의 틀로만 이해할 수 없으며, 파인먼 경계를 넘나들며 융합적으로 살펴보아야 한다는 말입니다.

대륙 이동설과 판 구조론

지진이 일어나는 원인을 파악하려면 우선 땅이 움직일 수 있다는 전제로부터 출발해야 합니다. 옛날에는 누구도 땅이, 이 거

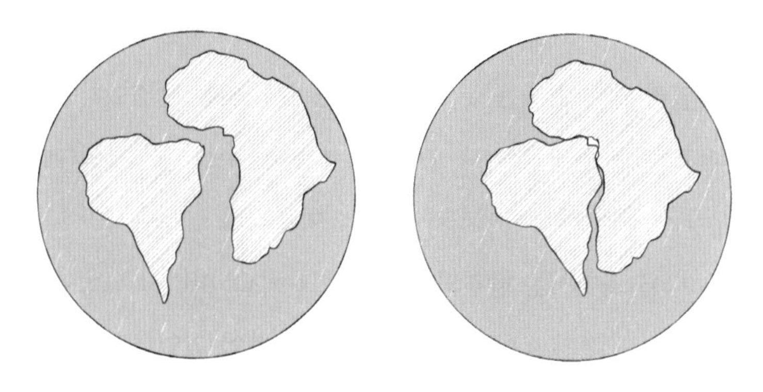

판 구조론의 근거인 일치하는 해안선

대한 대륙이 움직인다고 생각하기 어려웠습니다. 그런데 1912년 독일의 기상학자이자 지구물리학자인 알프레트 베게너가 《대륙과 해양의 기원》이라는 책에서 '대륙 이동설'을 제기했어요. 하나의 커다란 대륙이었던 판게아pangaea가 2억 년 전에 작은 대륙들로 분리되어 이동하다가 현재와 같은 대륙의 위치가 됐다는 주장과 함께 여러 근거를 내놓았습니다.

대륙 이동설의 첫 번째 근거는 대서양 양쪽에 있는 두 대륙, 남아메리카 동해안과 아프리카 서해안의 해안선이 일치한다는 것입니다. 베게너가 죽은 뒤 1960년대에 해저 지형 탐사를 통해 두 곳의 수심 900미터 대륙붕의 가장자리가 꼭 들어맞는다는 것이 확인되었고, 가장 확실한 대륙 이동의 근거로 자리 잡았죠.

두 번째 근거는 과거의 생물과 화석을 연구하는 고생물학자들이 멀리 떨어져 있는 두 대륙에서 같은 화석을 발견했다는 것입니다. 예를 들면 강이나 호수에서 살던 담수성 파충류인 메소사우루스 화석은 남아메리카 동부와 아프리카 남부에서만 나타나고, 다른 곳에서는 발견되지 않는다고 해요. 따라서 고생대 후기나 중생대 전기까지는 두 대륙이 서로 붙어 있었다고 추정할 수 있습니다.

세 번째 근거는 떨어져 있는 대륙들의 암석 유형이 비슷하고 산맥 구조도 일치한다는 것입니다. 오래전에 대륙이 연속적으로 이어져 있었던 흔적이죠. 고기후학자들이 과거의 기후를 복원하는 과정에서 제시한 근거도 있어요. 고생대 말 저위도와 중위도에 있던 인도, 아프리카, 오스트레일리아 등에서 빙하 퇴적물이 발견된다는 것입니다.

베게너가 내놓은 여러 근거는 대륙이 지구를 가로질러서 움직인다는 이론의 가능성을 보여 주었지만, 대륙을 움직이는 힘의 근원을 밝히지 못해 학계에서 인정받지 못했습니다. 이후 과학과 해저 탐사 기술이 발달하면서 더욱 많은 데이터를 수집한 결과, 과학자들은 '판 구조론'을 세웠습니다. 오늘날에는 땅이 움직인다는 것을 당연한 과학적 사실로 받아들이게 되었죠.

판 구조론에 따르면, 지구 내부에는 내핵, 외핵, 맨틀이 있고 맨 위에 지각이 놓여 있습니다. 지각은 마치 깨진 달걀 껍데기처럼 여러 개의 조각으로 구성되어 있는데, 이 조각들 하나하나를 판이라고 합니다. 이 판들이 서로 만나는 경계에서는 무거운 판이 가벼운 판 아래로 들어가 없어지기도 하고, 새로 생겨나기도 하죠. 마그마나 가스가 분출하면서 화산이 분화하기도 하고요.

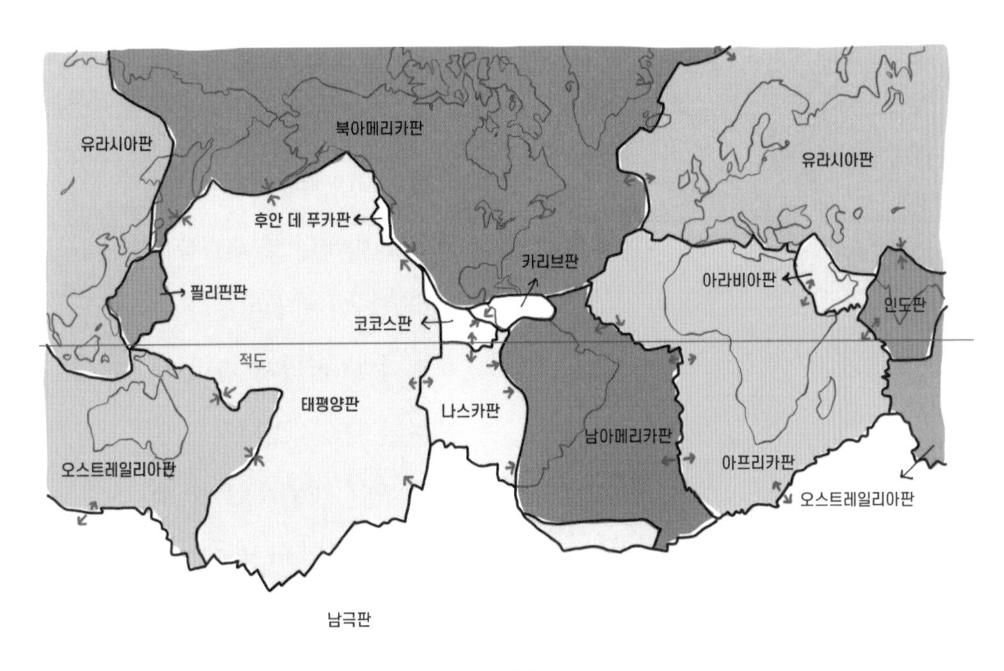

지구의 지각 구조

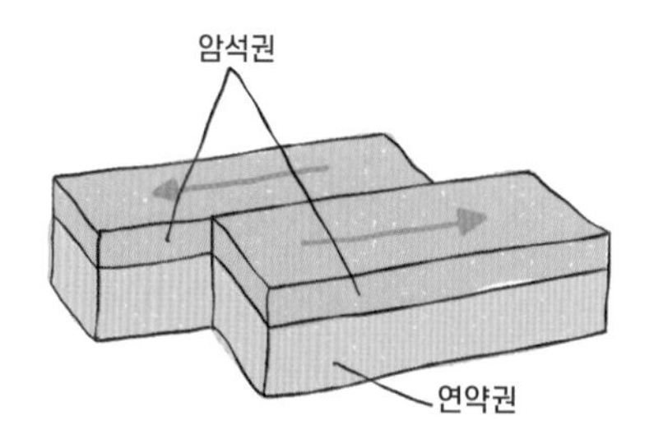

변환 단층 경계

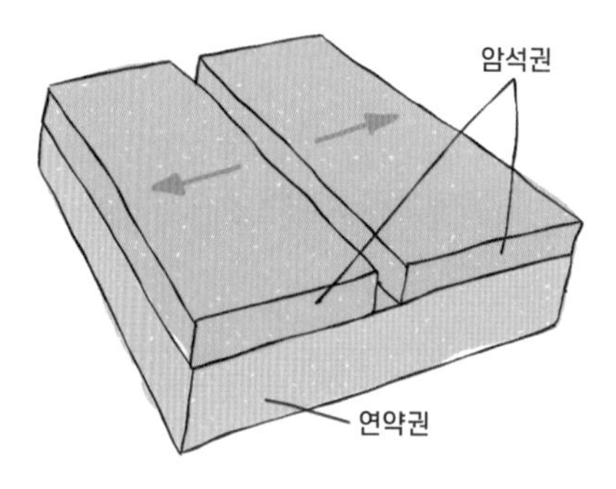

발산 경계

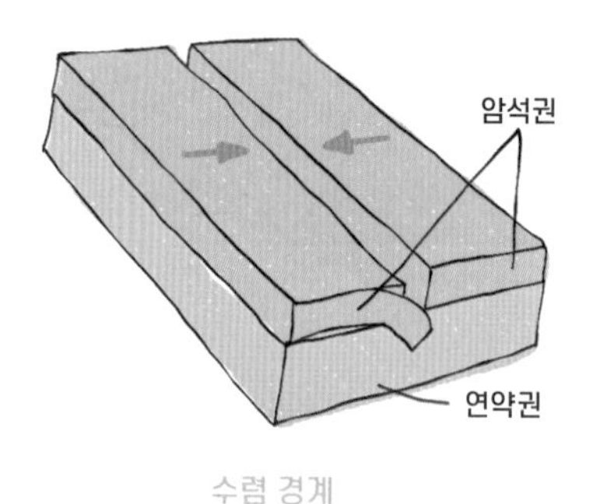

수렴 경계

지각은 태평양판, 북아메리카판, 남아메리카판, 아프리카판 등 일곱 개의 주요 판과 중간 크기의 많은 지각판으로 구성되어 있고, 서로 다른 판끼리 만나는 경계를 크게 세 가지로 나눌 수 있습니다.

첫째, 보존형 경계라고도 부르는 변환 단층 경계입니다. 이곳에서는 판과 판이 옆으로 비스듬히 미끄러지면서 어긋나 있습니다. 따라서 판이 생성되지도 소멸되지도 않죠. 미국 서부의 산안드레아스 단층이 이 변환 단층 경계에 해당하며, 대부분 육상보다 해저, 특히 심해에서 잘 나타납니다.

둘째, 발산 경계입니다. 발산 경계는 두 판이 서로 멀어지면서 반대 방향으로 이동하는 경계인데, 수평으로 갈라지는 발산에 해당하므로 그 아래에서 새로운 물질이 올라와 비는 곳을 채우면서 새로운 판이 만들어져요.

셋째, 수렴 경계입니다. 수렴 경계는 판과 판이 서로 가까워지면서 충돌하며 반대 방향으로 이동하는 경계예요. 수평으로 만나는 수렴에 해당하므로 상대적으로 더 무거운 해양 지각판이 가벼운 대륙 지각판 아래로 파고 들어가는 현상인 섭입subduction을

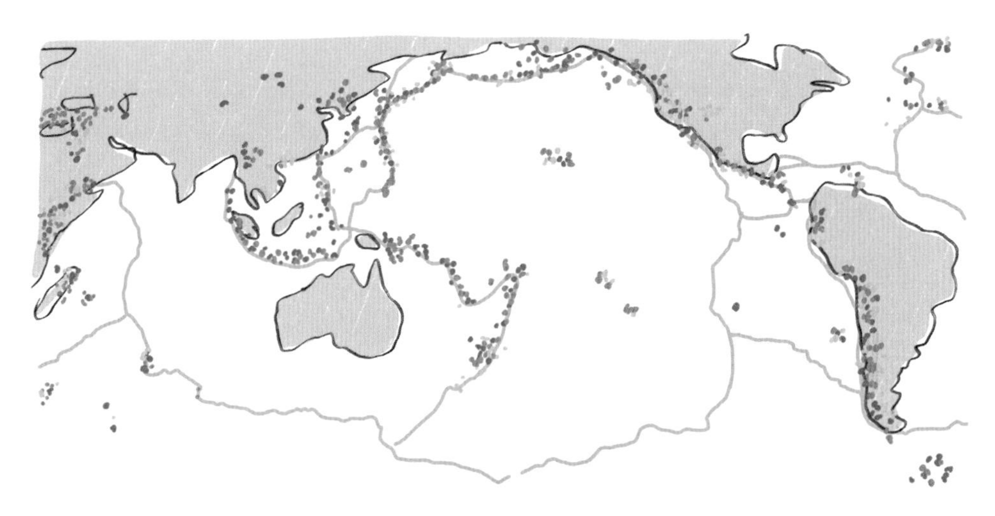

태평양 주변의 수렴 경계, 불의 고리를 비롯한 주요 지진대와 화산대

하며 사라집니다. 이렇게 지각판이 서로 충돌하는 과정에서 지진과 화산 폭발이 잘 발생하죠.

판 구조론이 전 지구적 지진 분포를 설명해 주기 때문에 지질학자, 그 가운데서도 지진학자들은 땅속 약 100킬로미터 이상의 깊은 곳에서 발생하는 심발 지진과 수렴 경계 사이에 깊은 관계가 있다는 것을 밝혀낼 수 있었습니다. 심발 지진이 일어났던 곳들을 살펴보면 태평양 주변을 둘러싸고 있는 판의 경계에 해당하죠. 이처럼 대륙판과 해양판이 충돌하며 지진과 화산이 자주 나타나는 태평양 주변의 수렴 경계를 '불의 고리'라고 부릅니다.

지진파의 종류와 지진 크기의 단위

지진학에서는 지진을 '급격한 에너지 방출로 생긴 지구의 진동'이라고 정의합니다. 에너지가 방출되는 위치를 진원, 진원으로부터 모든 방향으로 방출되는 파동을 지진파라고 하고요.

지진파에는 P파Primary waves와 S파Secondary waves가 있습니다. 전파 속도가 빨라서 빠르게 도달하는 P파와 전파 속도가 P파보다 느려서 천천히 도달하는 S파가 도달하는 시간의 차이를 바탕으로 진앙(진원의 지표상 위치)까지의 거리를 추정합니다. 진앙까지의 거

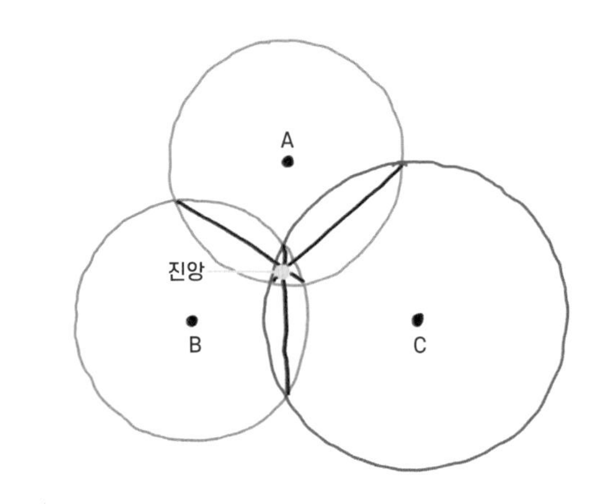

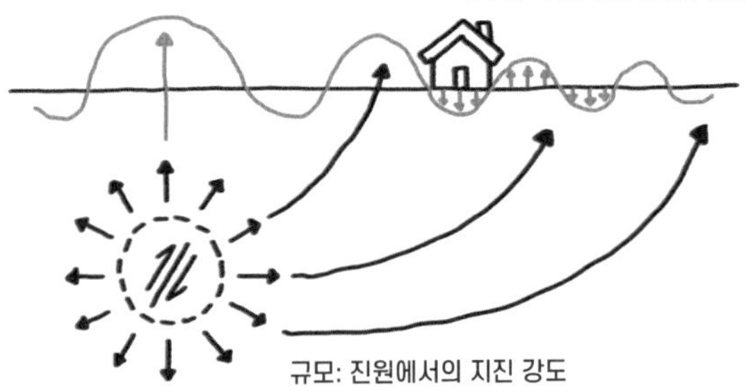

리가 멀수록 P파와 S파의 도달 시간 차이가 더 길죠. 지구의 여러 곳에서 P파와 S파의 도달 시간 차이를 측정하여 각각 진앙까지의 거리를 계산해서 원으로 그릴 때 서로 만나는 교점 부분이 진앙입니다.

진앙의 위치를 파악한 뒤에는 지진의 강도를 파악하기 위해 절대적 척도와 상대적 척도를 사용합니다. 절대적 척도는 규모magnitude이고, 상대적 척도는 진도intensity입니다. 규모는 진원에서 방출되는 에너지의 절대량을 파악할 때, 진도는 위치에 따라 달라지는 피해 정도를 파악할 때 사용해요.

규모의 단위는 1935년 미국의 지진학자 찰스 리히터가 처음 도입해서 리히터 지진 규모Richter magnitude scale라고 부릅니다. 리히터 규모는 지진계에서 관측되는 가장 큰 진폭(지진이 감지되는 너비)을 로그 값으로 계산하는데, 예를 들면 리히터 규모 5.0의 지진이 갖는 진폭은 리히터 규모 4.0의 지진이 갖는 진폭보다 열 배가 크다는 의미예요. 리히터 규모 2.0 미만의 지진은 사람이 잘 느끼지 못하기 때문에 보통 그 이상 규모의 지진을 '유감 지진'이라고 합니다. 지진계는 물론 사람도 뚜렷이 느낄 수 있는 지진이죠.

1970년대에는 일정 이상 강한 지진의 크기를 나타내지 못하는 리히터 규모를 대체하기 위해 모멘트 지진 규모Moment magnitude scale가 등장합니다. 리히터 규모와 모멘트 규모는 모두 절대 척도로, 진원에서부터 방출되는 에너지의 절대량을 나타냅니다. 따라서 두 척도로는 진원으로부터의 위치에 따라 차이를 보이는 흔들림 정도를 제대로 알 수 없죠. 그래서 실제 지진 피해가 있는 곳에

진도	I, II	III, IV, V	VI, VII	VIII, IX, X	XI, XII
피해 상황	특수 조건에서 감지	일반적인 감지	불안감 서 있기 곤란	공포감 견고한 구조물 피해	대공황 상태 구조물 완전 파괴

수정 메르칼리 진도

서 지진의 흔들림이 어느 정도인지 측정할 때는 상대 척도인 진도를 사용해요. 상대 척도로 많이 사용하는 단위는 위의 표와 같은 수정 메르칼리 진도입니다.

전 세계의 큰 지진

1960년 칠레 발디비아 지진

1960년 5월 22일 오후 3시 11분에 칠레 발디비아 지역에서 역대 최대 규모 9.5의 대지진이 발생합니다. 진원의 깊이는 25킬로미터, 진앙 근처는 진도 10 이상으로 구조물이 완전히 파괴될 정도였습니다. 진앙으로부터 1,000킬로미터 떨어진 곳에서도 흔들림을 느낄 정도로 아주 심한 에너지가 방출되었다고 해요. 부산에서 발생한 지진을 서울에서도 충분히 느낄 정도였던 셈이죠.

칠레 발디비아 지진이 발생한 수렴 경계

칠레는 불의 고리에 있는 탓에 원래 지진이 많은 편이었는데, 발디비아 대지진도 나스카 해양판과 남아메리카 대륙판이 충돌하여 서로 가까워지고 있는 수렴 경계에서 발생했어요.

이 수렴 경계에 위치한 해저에서 지진이 발생하면 지진해일이 만들어지고, 2장 쓰나미 편에서 알아본 것처럼 매우 긴 파장의 천해파 형태로 태평양을 가로질러 멀리까지 전파됩니다. 그러다가 수심이 얕아지면 파장이 짧아지며 갑자기 진폭이 늘어나 큰 피해를 줍니다. 칠레 앞바다에 발생한 지진해일은 태평양 전역으로 전파되어 가면서 멀리 떨어진 하와이나 일본 연안에서도 10미터 이상의 진폭으로 지진해일을 일으켜 피해를 주곤 하죠.

1975년 중국 하이청 지진

1975년에 발생한 중국 랴오닝성 하이청 지진은 과학계에서 기적이라고 부를 정도로 흥미로운 사례입니다. 건물이 무너지고 도시 전체가 파괴될 정도로 강력한 지진이었으나, 중국 정부가 하이청 주민들을 미리 대피시킨 덕분에 인명 피해는 2,000여 명으로 지진 규모에 비해 적었거든요. 만약 사전 경보나 대피가 없었다면 15만 명 이상의 사상자가 나올 수도 있었던 심각한 규모의 지진이었죠.

중국 정부가 지진 경보를 발령하고, 주민 소개령(한곳의 주민을 분산시키는 명령)을 내려 주민들을 대피시킬 수 있었던 것은 사전에 철저한 과학적 분석이 이루어졌기 때문입니다. 당시 중국 북동부에서 규모 6.0 이상 지진이 발생했던 진원의 위치를 점으로 찍어 보면 특정 방향으로 진원의 위치가 계속 이동하고 있었습니다. 게다가 수개월에 걸쳐 지하수 수위가 크게 바뀌는 현상이 나타나고 있었죠. 새들이 이상하게 날아다니거나 겨울잠을 자는 동물들이 잠들지 못하는 등 동물들의 기이한 행동도 보고되었고요.

중국 정부는 이러한 현상을 종합하여 지진의 전조 현상이라 파악하고 과감하게 주민 소개령을 내렸던 거예요. 소개령에 따라 주민들이 모두 대피한 지 이틀 만인 2월 4일, 하이청 부근 진원 깊이 15.6킬로미터에서 규모 7.0의 거대한 지진이 발생했습니다. 약 100만 명의 주민이 미리 대피했기 때문에 그나마 인명 피해를 최소화할 수 있었죠.

1976년 중국 탕산 지진

1년 후인 1976년에 하이청 인접 지역인 중국 탕산에서 규모 7.6의 지진이 발생했을 때는 사망자만 24만 명이 넘는 막대한 재난이 닥쳤습니다. 당시에도 하이청 지진 때와 비슷한 여러 지진 전조 현상을 알아차린 전문가들이 계속 경고했다고 합니다. 그러나 여러 정치적 문제가 얽혀 있던 중국 정부에서 전문가들의 과학적 연구 결과가 사람들을 불안하게 만든다는 이유로 전문가들의 경고를 무시했습니다. 지진이 일어난 뒤의 피해 상황도 국가 기밀로 부쳤고, 심지어 외부 원조까지 거부하면서 더욱 큰 피해를 입었죠. 두 지진을 통해 자연재해가 일어날 경우 사회적으로 어떻게 대처하느냐에 따라 극과 극의 결과가 나타난다는 사실을 배울 수 있습니다.

2016년 경상북도 경주 지진

우리나라에서도 2016년 9월 12일 경상북도 경주에서 규모 5.8의 지진이 발생했습니다. 경주 지진은 1978년 충청남도 홍성 지진 이후 38년 만에 발생한 한반도 최대 규모의 지진으로, 9·12 지진이라고도 합니다. 건물이 갈라져 틈이 생기고 지붕과 담장이 파손되는 등 우리나라에서는 흔치 않은 심각한 지진이었습니다. 지진이 발생한 지 일주일 뒤에도 규모 4.5의 여진이 계속되었고요. 당시 경주는 특별 재난 지역으로 선포되었고, 정부는 지진 방재를 위한 종합 대책을 모두 다시 검토하고 관련 예산도 늘리는 등 사회적으로도 큰 변화가 있었습니다.

2000년 이후 한반도에서 발생한 지진 가운데 우리가 느낄 수 있는 규모 3.0 이상의 유감 지진을 분석하면, 지진이 일어날 가능성이 있는 한반도 활성 단층 가운데 충청남도 서산과 경주를 잇는 지진 벨트에 밀집된 활성 단층이 많이 움직였다고 해요. 경주 지진도 그 활성 단층 가운데 하나가 움직여서 일어났다고 추정합니다. 일부에서는 2011년에 발생한 동일본 대지진이 한반도 지각판에 영향을 주었다고 주장하기도 했죠.

한반도는 불의 고리와 같은 거대 수렴 경계로부터 멀리 떨어진 판 내부에 있지만, 우리나라 역사 문헌에는 상당한 수의 지진

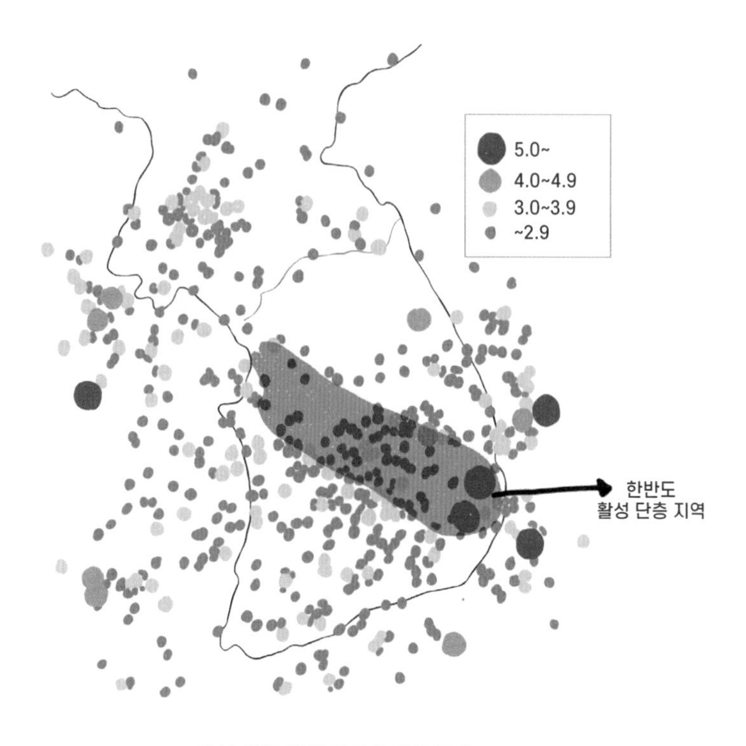

서산-경주 지진 벨트의 활성 단층

피해 기록이 있습니다. 경주 불국사와 첨성대에 내진 설계가 되어 있을 정도로요. 그러므로 우리나라가 지진으로부터 안전하다고 단정하는 것은 매우 위험한 생각입니다.

2017년 경상북도 포항 지진

경주 지진이 일어난 바로 다음 해인 2017년, 경상북도 포항에서 규모 5.4의 지진이 발생합니다. 경주 지진에 이어 역대 두 번째로 큰 규모의 지진이었죠. 진원 깊이가 4킬로미터로 경주 지진보다 더 얕은 곳에서 발생했기 때문에 피해가 컸습니다. 다행히 사망자는 없었지만, 시설물 피해가 많아 상당한 복구 비용이 들었고 이재민도 많이 발생했어요. 2017년 수학능력시험이 일주일간 연기되는 일까지 벌어졌죠.

포항 지진의 원인을 조사했던 정부조사단은 2019년, 포항 지진이 포항 지열 발전소에서 진행했던 실증 연구에 따른 촉발 지진이라고 공식 발표합니다. 인재도 일부 원인이라는 거죠. 지열 발전소에서는 2010년 12월부터 지열정(땅속 지열을 끌어 올리려고 판 구덩이)을 뚫어 시추 작업을 하고 2016년, 2017년에는 물을 주입하고 빼내는 등의 작업을 해 왔습니다. 그 과정에서 수십 차례의 작은 지진이 발생했고, 세 번째 물 주입이 끝난 2017년 4월 15일에 규모 3.2의 지진이 발생했다는 거예요. 정부조사단은 비록 지열 발전소가 포항 지진을 일으킨 직접 원인은 아니지만, 땅에 자극을 주어서 더 넓은 범위에 더 큰 지진을 촉발한 부분이 있다고 결론 내렸습니다.

지진에서 살아남기 위해 기억해야 할 다섯 가지 기본 개념

첫째, 과학적 평가로 자연재해를 어느 정도 예측할 수 있다는 개념은 1975년 하이청 지진 사례에서 확인할 수 있습니다. 당시 전문가들은 지진이 발생할 수 있는 여러 과정을 과학적으로 분석하고, 전조 현상을 주의 깊게 관찰했죠. 이를 통해 미래에 발생할 지진을 정확하게 예측하고 대처하여 인명 피해를 최소화한 대표적인 사례입니다.

둘째, 자연재해의 피해 효과를 파악하기 위한 위험 분석이 중요합니다. 지진으로 예상되는 피해를 파악하기 위해 건물 붕괴 같은 위험성, 지진에 취약한 곳과 그 정도를 미리 분석해야 합니다. 또 지진이 발생했을 때 대피할 수 있도록 자주 훈련하면 피해를 줄일 수 있습니다.

셋째, 자연재해와 물리적 환경, 그리고 서로 다른 재해 사이에는 밀접한 관련이 있습니다. 비슷한 규모의 지진임에도 피해 정도에서는 심한 차이를 보였던 2010년 칠레 지진과 2010년 아이티 지진을 비교해 보면 잘 알 수 있죠. 규모가 더 작았던 아이티 지진의 피해가 칠레 지진보다도 심각했던 건 지진에 취약한 곳의 인구 밀도가 높았던 물리적 환경과 밀접한 관련이 있습니다.

넷째, 과거의 재난이 미래에는 더 큰 재앙이 될 수 있습니다. 중국 하이청 지진이 일어난 지 1년 뒤, 탕산에서도 지진이 일어났습니다. 이때는 전문가의 경고를 무시하고 대비에 소홀한 탓에 하이청 지진과는 비교할 수 없는 수준의 재앙이 되었습니다. 우리가 한 번 일어난 재난이라고 안일해진다면

이처럼 더욱 큰 재난을 겪게 됩니다.

다섯째, 자연재해 피해는 우리 노력에 따라서 줄일 수 있습니다. 지진도 정부 차원이든 개인 차원이든 미리 막으려고 노력한다면 얼마든지 피해를 줄일 수 있다는 점을 잊지 말아야 합니다.

유발 지진·촉발지진 단층의 충돌 등으로 일어나는 자연 지진과 달리 두 지진은 인간의 행동에 영향을 받은 지진이다. 인간의 활동이 직접적인 영향을 주어 일어난 지진이 유발 지진이라면, 자연적으로 일어날 가능성도 있었는데 인간이 자극을 줌으로써 일어난 지진이 촉발 지진이다. 인간 활동에는 댐 건설, 지하수 개발, 지하자원 채굴 등이 있다. 포항 지진은 단층이 견딜 수 있는 힘이 한계에 달한 상태에서 지열 발전소의 물 주입이 자극제 역할을 했다고 보고 있다.

지진이 일어나 건물이 크게 흔들리는 시간은 길어야 1~2분 정도입니다. 지진이 발생하면 최대한 침착하게 다음과 같이 행동합니다.

튼튼한 탁자 아래로 들어가 탁자 다리를 꼭 잡고 몸을 보호합니다. 피할 곳이 없을 때에는 방석 등으로 머리를 보호합니다.

흔들림이 멈추면 당황하지 말고 화재에 대비하여 가스와 전기를 차단합니다. 문이나 창문을 열어 언제든 대피할 수 있도록 출구를 확보한 뒤 흔들림이 멈추면 밖으로 나갑니다.

지진이 나면 엘리베이터가 멈출 수 있으므로 타지 말고 계단을 이용합니다. 만약 엘리베이터를 타고 있다면, 모든 층의 버튼을 눌러 가장 먼저 열리는 층에서 빨리 내린 뒤 계단으로 내려갑니다.

밖으로 나갈 때에는 떨어지는 유리, 간판, 기와 등에 주의하며, 신속하게 걸어서 운동장이나 공원 같은 넓은 공간으로 대피합니다.

학교에 있을 때는 책상 아래로 들어가 몸을 웅크리고 책상다리를 꼭 잡고 몸을 보호합니다. 흔들림이 멈추면 선생님의 안내에 따라 질서를 지키면서 운동장으로 대피하되, 복도에서는 창문 유리가 깨질 우려가 있으니 창문과 떨어져 이동합니다.

백화점이나 마트에 있을 때는 진열장에서 떨어지는 물건으로부터 몸을 보호합니다. 계단이나 기둥 근처로 피하고, 흔들림이 멈추면 안내에 따라 밖으로 대피합니다. 에스컬레이터를 타고 있다면, 손잡이를 잡고 앉아서 버티다가 침착히 벗어납니다.

극장이나 경기장에서는 흔들림이 멈출 때까지 가방 같은 소지품으로 몸을 보호하면서 잠시 자리에 머무릅니다.

대피했다가 집으로 돌아갔을 때 옷장 등의 내용물이 쏟아져 부상을 입을 수도 있으므로 처음 문을 열 때 조심합니다.

8 화산

산에서 뿜어 나오는 용암과 불

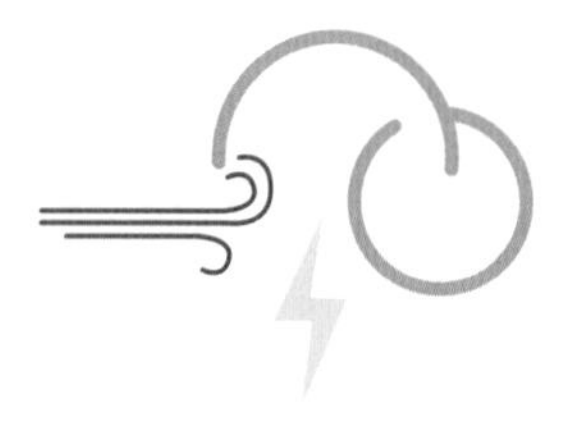

화산이 폭발하면 땅속의 마그마가 분출해 섭씨 1,000도에 달하는 용암이 흘러내리고 불이 나며, 사람과 건물이 묻힙니다. 또한 화산재가 주변을 덮거나 햇빛을 가리고 대기를 오염시키죠. 화산 폭발은 이렇게 우리에게 막대한 피해를 줍니다. 그러나 한편으로는 화산 폭발이 온천이나 동굴, 제주도나 하와이 같은 아름다운 섬을 만들고, 화산 분화구 근처에서는 풍부한 광물 자원을 얻을 수 있습니다. 화산 근처의 지열을 이용해 전력을 생산하기도 하고요.

이처럼 화산도 자연재해로 피해를 주는 모습과 자연 서비스 기능으로 혜택을 주는 모습의 두 얼굴을 가지고 있죠. 우리의 통제를 완전히 벗어난 것처럼 보이는 화산도 과학적 작동 원리를 잘 파악하고, 감시와 예측을 통해 미리 대처하면 조화롭게 공존할 수 있습니다.

지구온난화에 따른 화산 분화 위험

북대서양에 있는 작은 섬나라 아이슬란드를 알고 있나요? 아이슬란드에는 무려 30개 이상의 활화산이 존재합니다. 이곳에서는 3~4년에 한 번씩 화산 분화가 일어났지만, 아이슬란드 사람들의 생활에 큰 지장을 주지 않았던 것은 화산 분화의 특성을 잘 알고 대처해 왔기 때문입니다. 그런데 2010년 에이야퍄들라이외쿠들 화산의 분화는 좀 달랐습니다. 3월에는 주로 용암이 분출했고, 4월에는 폭발이 일어나면서 큰 피해를 입었죠. 화산이 분화하는 동안 대류권 상공까지 화산재가 올라가면서 북유럽 전체의 영공을 모두 폐쇄할 정도였으니까요. 일주일 동안 9만 5,000대의 항공편이 취소되고 수십만 명의 관광객이 불편을 겪었으며 항공 산업은 10억 달러 이상의 손해를 입었습니다.

화산이 분화하기 전에 화산 주위에서 많은 지진 활동이 일어났으므로 에이야퍄들라이외쿠들 화산이 깨어나고 있다는 것은 충분히 예측할 수 있었습니다. 하지만 실제 폭발했을 때 뿜어져 나오는 화산재 기둥의 높이는 지난 1,500년 동안 볼 수 없었던 수준이었고, 이 정도 수준으로 분화할 것이라고는 예측하지 못했죠. 이 화산에서 마지막 분화가 일어났던 100년 전은 비행기가 흔하게 다니던 때가 아니었습니다. 지금처럼 달라진 인간 활동에 따른 화산 분화의 위험 분석이 충분하지 않아 미리 피해를 예상하지 못했던 겁니다.

아이슬란드 화산들은 두꺼운 빙하로 덮여 있습니다. 에이야퍄들라이외퀴들 화산의 이름도 섬, 산악, 빙하라는 뜻입니다. 화산이 분화할 때 지구 내부에서 뜨거운 열이 나와 순식간에 얼음을 녹이면 큰 홍수가 발생하겠죠. 그래서 아이슬란드에서는 빙하가 녹아 홍수도 잘 일어납니다. 특히 지구온난화로 빙하가 빠르게 녹으면서 빙하가 만드는 압력이 낮아지니까 상대적으로 더 낮은 온도에서도 마그마의 활동이 활발해지는 환경이 되어 가고 있습니다. 기후변화가 화산 분화의 직접적 원인은 아니더라도 빠르게 사라지고 있는 빙하가 마그마 활동을 더 활발하게 만든다고 볼 수 있죠.

보통 화산이 분화하기 전에는 지진 활동이 활발해지고 화산이 부풀어 오르는 등 조짐이 보입니다. 따라서 과학자들은 화산 분화를 어느 정도 예상할 수 있고, 화산이 분화하기 전에 화산이

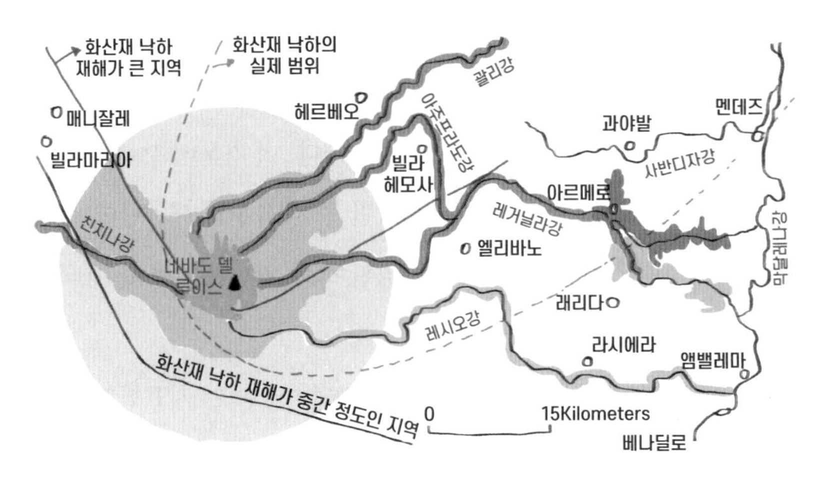

네바도 델 루이스 화산 재해 지도

분화하면 어떤 피해를 입을지 한눈에 파악할 수 있는 재해 지도를 만들 수 있습니다.

위의 그림은 1985년 11월 13일에 콜롬비아의 아르메로라는 도시를 매몰시켰던 네바도 델 루이스 화산이 분화하기 한 달 전에 만들어진 화산 재해 지도입니다. 화산 가스, 화산재, 암석 파편 같은 화쇄류 재해 예상 지역과 용암류 재해 예상 지역이 표시되어 있죠. 화산 재해 지도는 화산이 분화할 경우 각 지역에서 어떤 종류의 피해가 예상되는지 미리 파악할 수 있도록 위험을 분석한 결과를 표시한 지도로, 재해를 막는 데 활용할 수 있습니다.

화산 분화의 원인, 열점

화산 분화의 원인을 알려면 7장 지진 편에서 소개한 판 구조론, 판과 판이 만나는 경계를 알아야 합니다. 이 가운데 수렴 경계는 여러 개의 조각으로 구성된 지각판 중 대륙판과 해양판이 충돌할 때 상대적으로 더 무거운 해양판이 더 가벼운 대륙판 아래로 파고들어 가며 섭입합니다.

수렴 경계에서는 땅속 깊은 곳에 있던 마그마가 지표까지 흘러나오고, 화산재나 화산 가스가 분출하는 화산 분화를 볼 수 있죠. 화산이 분화했던 곳들을 지도에 표시해 보면 대부분 판의 경계부, 즉 불의 고리인 태평양 주변의 수렴 경계에 해당합니다.

과거에 화산이 분화했던 기록을 추적하면 판의 움직임을 알 수 있습니다. 대표적인 예가 핫스폿hotspot 혹은 볼케닉 핫스폿volcanic hotspot이라고 부르는 '열점'입니다. 열점은 맨틀 심부(깊은 부분)에 있는 마그마의 근원지로 이곳에서 마그마가 지표면을 뚫고 분출합니다. 화산섬과 해산sea mount 등으로 이루어져 있는 하와이-엠퍼러 열도는 판의 움직임을 잘 보여 주죠. 해저에 있는 해산과 해수면 위로 올라와 있는 미드웨이 환초, 하와이 제도는 모두 띠 모양으로 늘어서 있는데, 과거에 그 위치가 열점에 해당했다는 걸 뜻해요. 따라서 열점의 흔적들을 추적하여 판의 이동 방향을 알 수 있죠.

하와이 제도와 북서-남동 방향으로 늘어선 해산들은 약 4,300만 년 전부터 현재까지 북서쪽으로 판이 움직이고 있으며, 가장 최근인 600만 년 전부터는 열점에서 분화한 화산이 하와이 제도에 자리 잡게 되었다는 사실을 알려 줍니다. 7,800만 년 전에는 쿠릴 해구까지 이어진 엠퍼러 해산과 열도가 남북으로 늘어서 있는 모습을 보고 당시 판이 북쪽으로 이동했다는 사실을 알

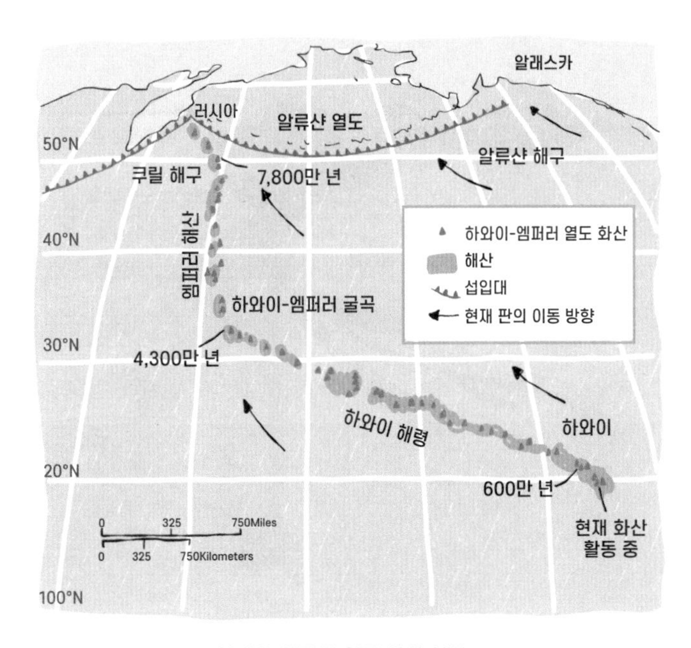

하와이-엠퍼러 열도 판의 이동

수 있죠. 이처럼 화산이 분화하는 근본 원인인 열점은 그 자리에 고정되어 있지만, 판이 움직이면서 해산과 화산섬이 띠 모양으로 분포하게 됩니다.

화산에서 분출하는 물질은 용암과 가스, 화산 쇄설물입니다. 용암은 마그마가 분출해서 지표에 도달한 것을 뜻하며, 마그마가 중앙 분화구를 통해 넘쳐흐르거나 화산 비탈에 있는 화산 분출물의 통로인 화도로 분출될 때 용암이 되어 흐릅니다. 압력이 감소하면서 마그마에 녹아 있던 가스도 새어 나오죠. 점성(끈적임)

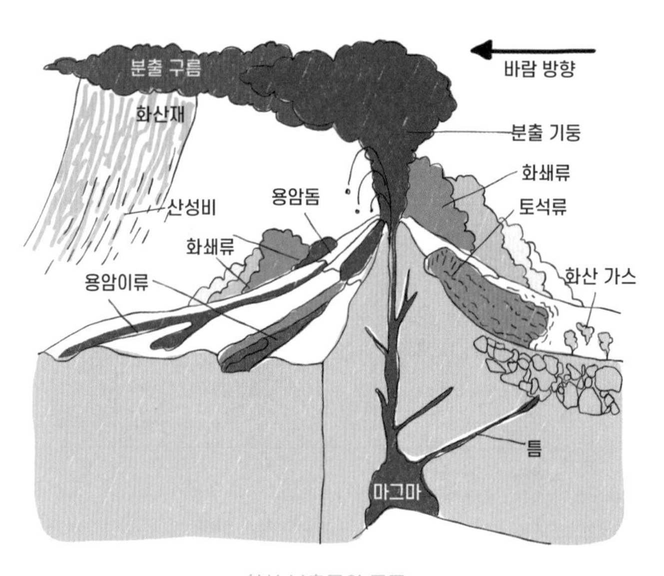

화산 분출물의 종류

이 높은 마그마에 포함돼 있던 가스가 과열된 채로 빠져나오면서 부피가 팽창하는데, 이때 분화구에서부터 암석의 파편들을 뿜어냅니다. 이것이 바로 화산 쇄설물로 폭발형 화산에서 두드러지게 나타납니다.

화산에는 용암이 조용히 흘러나오는 분출형 화산도 있고, 갑자기 폭발하면서 압도적으로 큰 피해를 주는 폭발형 화산도 있습니다. 분출물의 양을 기준으로 화산 폭발의 크기를 수치화한 것을 화산 폭발 지수Volcanic Explosivity Index, VEI라고 합니다. 폭발성, 화산재의 부피와 높이에 따라 0~8까지 아홉 단계로 나뉘죠.

화산 분출물의 양은 화산이 분화한 뒤 쌓인 화산재의 부피를 계산하고, 그것의 밀도에 해당하는 암석 밀도를 비교해서 파악합

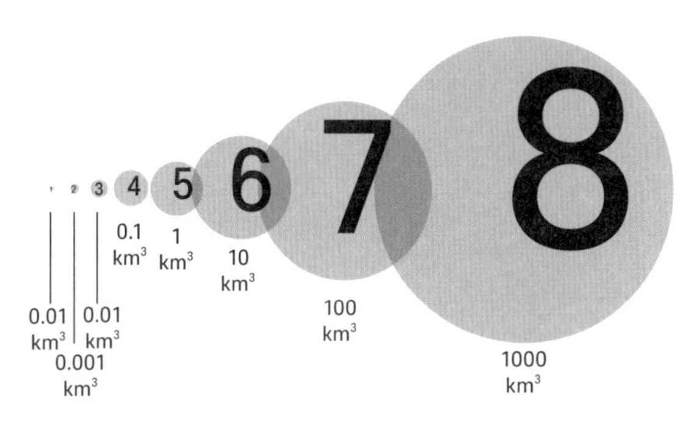

화산 폭발 지수

니다. 예를 들면 1980년 미국 세인트헬렌스 화산은 1세제곱킬로미터 안팎의 양을 분출했고, 1991년 필리핀 피나투보 화산은 10세제곱킬로미터 안팎의 양을 분출했다고 해요. 피나투보 화산이 열 배 더 많은 양을 분출한 거예요. 여기서 열 배가 크다는 것은 화산 폭발 지수 1이 더 크다는 의미입니다. 그런데 이 계산법에는 화산 가스나 아주 작은 입자의 화산재는 포함되지 않으므로 실제 분출된 양은 계산 결과보다 좀 더 많습니다.

전 세계의 유명 화산

하와이 마우나로아 화산

긴 산이라는 뜻을 지닌 마우나로아 화산은 하와이 중앙부에 있는 해발 4,000미터 높이의 화산으로, 전 세계에서 제일 큰 화산이었습니다. 2013년도에 타무라는 태평양 화산이 새로 발견되면서 현재는 세계에서 두 번째로 큰 화산이죠. 물론 크기가 크다고 해서 위험한 화산은 아닙니다.

화산 폭발을 일으키는 직접적인 원인은 마그마에 녹아 있는 휘발성 물질, 즉 가스의 압력입니다. 마그마의 온도나 압력이 높으면 마그마에 녹아 있는 가스의 양이 적으므로 상대적으로 조용한 분출을 보이죠. 마우나로아 화산은 용암이 주를 이루는 방식으로 분출하는데, 이런 식의 분출이 주로 하와이 화산에서 나타나기 때문에 하와이식 분출이라고 합니다.

분출한 마그마가 식어서 암석이 만들어질 때 깊이나 압력, 점성 그리고 광물의 성분 등에 따라 다양한 종류의 화성암이 만들어집니다. 일단 용암이 굳어서 만들어진 것은 모두 화성암이라고 하지만 화성암에는 여러 종류의 암석이 있습니다. 지질학자 중에

서도 화산학자나 광물학자들은 여러 종류의 암석 샘플(시료)을 수집한 뒤 '돌 보기를 황금같이' 하면서 화산 활동과 지질 과정을 연구하죠.

점성이 낮아서 유동성이 큰 암석은 현무암질 용암으로, 마우나로아 화산은 이런 현무암질 용암으로 만들어졌기 때문에 경사가 아주 완만합니다. 겨울에는 정상부에 눈이 쌓이고 서쪽 사면(경사면, 비탈면)은 방목지로 이용할 수 있을 정도로요. 세계에서 가장 긴 용암 동굴이 형성된 내부에는 선사 시대의 주거 흔적 같은 신기한 구조가 많아서 관광지로도 유명하죠.

1832년 이후에 총 45차례, 평균 6년에 한 번꼴로 분화했지만 하와이식 분출이기 때문에 화산 폭발 지수는 0입니다. 마지막으

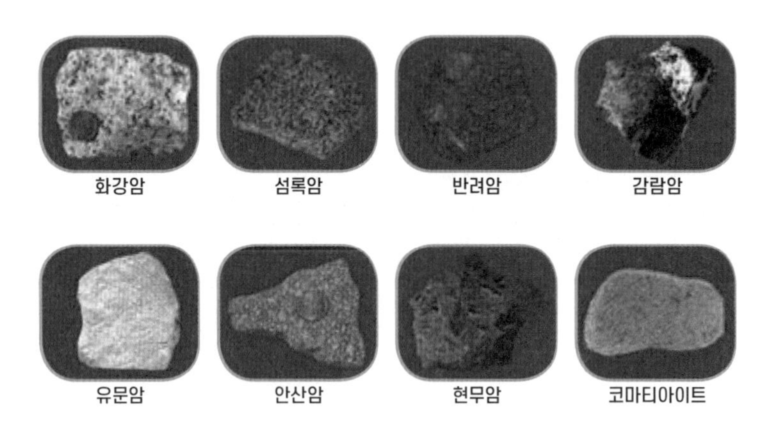

로 폭발하면서 분화한 시점은 1984년 3월 25일로 다행히 용암이 주거 지역까지 도달하기 전에 멈췄고, 화산 폭발도 그해 4월 15일에 멈췄습니다.

하와이 킬라우에아 화산

하와이의 가장 남동쪽에 있는 킬라우에아 화산은 마우나로아 화산처럼 완만한 화산이지만, 현재 하와이에서 활발히 분화 활동을 하는 유일한 화산입니다. 킬라우에아 화산 표면은 대부분 1,000년 이내의 화산 활동 때문에 현무암질 용암이 굳어서 만들어진 땅입니다. 지금까지도 계속 용암이 분출하면서 새로운 땅이 만들어지는 중이고요. 활발한 화산 활동을 볼 수 있는 만큼 관광지로도 잘 개발되어 있습니다. 새로운 땅을 공급하고 관광지로 개발되는 것은 모두 화산의 자연 서비스 기능이죠.

가장 최근인 2018년 5월 3일에는 지진과 함께 킬라우에아 화산이 폭발하면서 용암이 분출했습니다. 분화구 측면의 갈라진 틈으로 마그마가 나오면서 전에 없던 연쇄 폭발이 일어나, 산 정상에 있던 칼데라가 붕괴하고 연쇄 지진까지 발생했죠. 당시 킬라우에아 화산 폭발은 최근 200년 동안 미국에서 일어난 화산 폭발 가운데 가장 강력했습니다. 넓은 하와이 땅이 모두 용암으로 뒤

덮일 정도였으니까요. 한 달 후인 6월부터는 연안에서 바다로 쏟아진 용암이 식고 굳어 월드컵 경기장 167개가 들어갈 만한 새로운 땅이 생겼다고 합니다. 화산 속 마그마의 표면이 1,600킬로미터나 낮아질 정도로 엄청난 양이 분출했죠.

화산이 폭발하자 희귀 동식물을 포함한 주변 생태계가 한꺼번에 사라졌고, 해안도로가 폐쇄되고, 수백 채의 집이 용암에 덮였습니다. 이때 뜨거운 용암이 차가운 바다에 닿으면서 암석 덩어리의 파편이 날아가 관광객 20여 명이 부상을 입은 사건도 있었어요.

과학자들이 이렇게까지 분출할 정도로 땅속 마그마 압력이 높아진 이유를 연구한 결과, 많은 양의 빗물이 한꺼번에 화산 암반에 유입되면서 압력이 증가했기 때문이었던 것으로 밝혀졌습니다. 실제 화산이 폭발하기 몇 달 전부터 하와이에 평균 이상의 강우량이 기록되었는데, 화산 표면을 통해 빗물이 들어가 암반의 압력이 높아지면서 화산 폭발이 일어난 것이라고 해석합니다. 기후위기가 심해짐에 따라 변화하는 강수 패턴이 화산 활동에까지 영향을 미칠 수 있다는 것을 잘 보여 주는 사례입니다.

미국 세인트헬렌스 화산

미국 북서부 워싱턴주에 있는 세인트헬렌스 화산은 강력한 폭발을 동반하는 대표적인 화산입니다. 1980년 5월 18일 오전 8시 32분, 세인트헬렌스 화산이 폭발하면서 지질학자 데이비드 존스톤을 포함한 과학자, 사진작가, 주민 등 총 57명이 목숨을 잃었습니다. 이 화산이 폭발한 뒤 화산의 높이가 2,950미터에서 2,550미터로 400미터 정도 낮아졌다고 해요.

세인트헬렌스 화산은 1857년까지 작은 폭발만 일으키고 큰 활동은 별로 없었기 때문에 지진계도 설치되어 있지 않았습니다. 그러다가 1970년대 들어 처음 지진계를 설치하고 관측하기 시작했는데, 1980년 3월에 화산성 지진이 활발하다는 것을 발견하면서 더 자세한 관측을 시작합니다. 미국 지질조사국과 연구팀은 늘어나는 지진 활동, 지표의 움직임, 화산 가스 활동 등을 감지해 세인트헬렌스 화산의 활동이 다시 시작될 것이라고 예측했고, 이에 따라 관측 장비들을 설치해 놓은 뒤 과학자들이 교대로 계속 관측했습니다. 연구팀의 관측 자료가 수집되면서 폭발 징후는 더 확실해졌죠. 그리고 일부에서는 가장 심한 화산 분화 형태인 측면 폭발 가능성도 제기했습니다. 이 같은 관측 결과를 바탕으로 미국 전역에 화산 경고 뉴스가 보도되기도 했으나 막상 화산은

잠잠했습니다.

1980년 5월 17일은 때마침 주말이었고, 날씨도 워낙 좋아 많은 관광객이 세인트헬렌스 화산을 방문했습니다. 그날 당번이었던 연구팀 대학원생 해리 글리켄을 대신해 친구인 존스톤이 기지로 들어가 관측 임무를 완수했지만, 18일 오전까지도 특별한 변화를 감지하지는 못했습니다. 그런데 당일, 부풀어 오른 북쪽 사면이 느닷없이 무너지면서 산사태가 나기 시작했습니다. 그리고 이 산사태가 마그마를 막고 있던 암반을 치워 버리자 10분 만에 갑자기 화산이 폭발했죠. 북쪽 측면 폭발이 일어나면서 측면에서 뿜어져 나온 화쇄류에 휩쓸려 존스턴은 그 자리에서 사망했고, 바로 무전이 끊어졌습니다. 북쪽 전체가 다 무너져 버렸죠. 뒤이어 엄청난 돌, 흙, 물이 화쇄류가 되어 터져 나오는 격렬한 폭발이 일어났습니다. 그 후 한 시간 동안 전체적인 수직 폭발까지 이어졌고요.

폭발 과정을 정리하면, 세인트헬렌스 화산은 5월 1일부터 보름 동안 팽창하고 부풀어 오르면서 폭발 조짐을 보입니다. 5월 18일 오전에 북쪽 측면에서 산사태가 일어나면서 분화가 진행되었고, 몇 초 있다가 강력한 측면 폭발이 일어났습니다. 그리고 한 시간 정도 지나면서 수직 폭발이 발생했죠. 이 폭발로 미국 지질조사국이 수직 폭발을 예상하고 설정했던 안전 구역의 반경 11킬로미터 바깥에 있는 북쪽 영역까지 초토화됩니다.

폭발이 있고 나서 잠깐 잠잠해진 틈을 타 산림청, 주 경찰, 주 방위군, 산악 구조대 수백 명이 생존자 수색에 나섰습니다. 당시 59명의 사망자와 100여 명의 부상자를 발견했는데, 사망자 대부분은 안전 구역 바깥에서 사망했다고 해요. 사전에 안전 구역을 어디까지 설정할지 예측이 부족했던 겁니다. 뿐만 아니라 총 27곳의 다리와 200여 채의 집이 무너졌고, 30여 척의 선박이 파괴되는 등 많은 재산 피해를 남겼습니다.

아홉 시간가량 지속된 폭발로 수백만 톤의 화산재가 대류권을 넘어 성층권에 해당하는 22킬로미터 상공까지 올라가 더욱 넓은 영역으로 퍼져 나갔습니다. 이때 화쇄류가 날아가는 속도는 시속 1,000킬로미터가 넘었으며, 지금까지 기록된 화쇄류의 이동 속도 가운데 가장 빨랐죠. 화쇄류는 온도가 매우 높아서 대지를

휩쓸고 지나가면 호수와 강물이 순식간에 기화합니다. 폭발 소리는 북쪽으로 320킬로미터 떨어진 캐나다 밴쿠버에서도 들릴 정도였다고 하며, 분화 이후에도 화산과 지진 활동은 한참 계속되었습니다.

세인트헬렌스 화산이 폭발한 뒤에도 40년 동안 여러 번의 분화를 겪었습니다. 과거에 분화한 뒤 만들어진 분화구 안의 바닥에 새로 분출된 용암이 돔 모양으로 계속 만들어졌죠. 2004년에는 마그마가 분화구 바닥에서부터 위로 올라오면서 잠시 되살아나기도 했지만, 1980년과 같은 대폭발은 없었습니다. 지금도 분화구 바닥에서 용암이 수백 미터씩 돔 모양으로 솟아오르는 중입니다. 1980년 세인트헬렌스 화산 대폭발의 재앙을 기억하기 위해 오늘날에는 이 화산에 관광 시설을 두고 관광객들이 관람하며 화산의 특성을 더 잘 이해할 수 있도록 돕고 있습니다.

화산 폭발에서 살아남기 위해 기억해야 할 다섯 가지 기본 개념

첫째, 자연재해는 과학적 평가로 예측할 수 있다는 개념은 화산에도 예외 없이 적용됩니다. 우리가 종류별로 다른 화산의 특성을 과학적으로 평가한다면 대규모 분화, 대폭발이 일어나기 전에 어느 정도는 충분히 예측할 수 있습니다.

둘째, 위험 분석이 자연재해 피해 효과를 파악하는 데 중요하다는 개념은 화산 재해 지도를 사전에 제작하여 화쇄류 재해 지역과 용암류 재해 지역을 구분해 대처하는 등 효과적인 방재를 하기 위한 활동에서 확인할 수 있습니다.

셋째, 자연재해와 물리적 환경, 그리고 다른 재해 사이에는 밀접한 관련이 있다는 개념을 화산 사례에 적용해 볼까요? 하와이 킬라우에아 화산처럼 늘어난 강수량이 화산 암반을 압박해 마그마를 분출시킨 경우도 있고, 화산이 지진이나 산사태 등 다른 재해와도 밀접히 관련되어 있다는 것은 여러 사례에서 알 수 있습니다.

넷째, 과거 재난이 미래에는 더 큰 재앙이 될 수 있습니다. 1,500년 동안 작은 분화를 겪어온 에이야퍄들라이외퀴들 화산은 그다지 큰 피해를 주지 않았습니다. 그러나 2010년에는 예상한 규모를 훨씬 뛰어넘는 폭발을 일으켜 유럽 전체의 영공을 마비시키는 재앙이 발생했던 사실을 기억해야 합니다.

다섯째, 자연재해 피해는 줄일 수 있습니다. 화산 분화도 미리미리 방

재 노력을 기울인다면, 얼마든지 그 피해를 줄여 자연재해가 아닌 자연 서비스 기능의 혜택만 누릴 수 있습니다.

폭발형 화산 마그마의 점성이 커서 큰소리를 내며 폭발하는 화산이다. 엄청난 폭발과 함께 마그마가 터져 나오며, 뜨거운 암석과 화산재, 기체가 섞인 구름이 아주 높게 치솟는다.

분출형 화산 마그마의 점성이 작아 마그마가 용암이 되어 흘러내리는 화산이다. 조용히 분화하지만 용암이 강처럼 흘러가면서 모든 것을 태우고 뒤덮는다.

칼데라 강한 폭발이 일어나 화산의 분화구 주변이 붕괴하고 함몰되면서 생긴, 대규모의 원형 또는 말발굽 모양의 우묵한 곳을 말한다.

화산재가 떨어지기 전

문틈이나 환기구는 물 묻힌 수건으로 막고, 창문은 테이프로 막습니다.

만성기관지염이나 폐기종, 천식 환자는 실내에 머무릅니다.

빗물을 급수용으로 사용하는 경우에는 빗물 수집 시설과 탱크에 연결된 파이프를 분리합니다.

화산재가 떨어지고 있을 때

가능한 실내에 머무르되, 바깥에 있을 경우에는 자동차나 건물 등으로 빨리 대피합니다.

밖에 있을 경우 마스크나 손수건, 옷으로 코와 입을 막습니다.

각막이 다칠 위험이 있으므로 콘택트렌즈는 착용하지 말아야 합니다.

물에 화산재가 들어간 경우, 화산재가 가라앉은 뒤 웃물을 사용합니다. 다만 물에 화산재가 들어 있어도 대부분은 건강에 나쁜 영향을 주지는 않습니다.

화산재가 떨어지고 난 뒤

고글과 마스크를 착용하고 실내와 실내, 자동차를 신속하게 청소합니다. 수거한 화산재는 튼튼한 비닐봉지에 넣어 지정된 장소에 버립니다.

가전제품은 청소하기 전에 전원을 차단해야 합니다.

밖에서 입은 옷은 갈아입고 몸을 깨끗이 씻습니다.

화산재가 날리지 않도록 물을 가볍게 뿌리거나 젖은 걸레를 사용합니다.

9

산사태와 지반 침하

무너져 덮치는 바윗돌과 흙더미

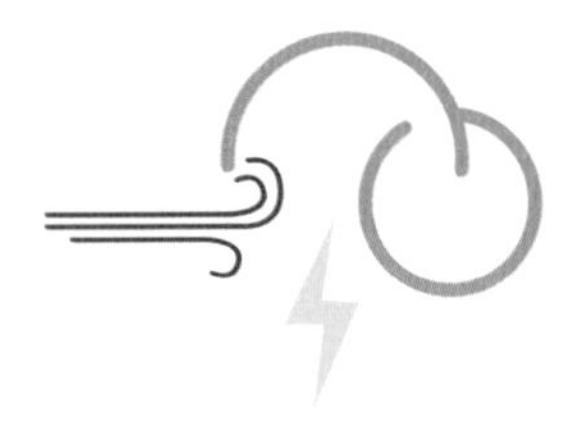

우리나라에서 산사태라고 하면 바로 떠오르는 사건이 2011년 서울 우면산 산사태입니다. 당시 강남 한복판을 진흙더미로 만들고 인명 피해까지 발생했죠. 한동안 우면산 산사태가 순수한 자연재해였는지 아니면 인재였는지 하는 논란이 생기고, 피해 보상 문제로 떠들썩했습니다. 무엇보다 우리나라 산사태 대책을 전면적으로 재검토하는 계기가 되었습니다. 2020년대에는 기후위기로 인해 이례적인 최장 장마와 지금까지 보기 힘들었던 강우 강도 등이 나타나며 곳곳에서 산사태와 지반 침하가 일어나고 있습니다.

산사태와 지반 침하도 자연재해가 분명하지만 동시에 자연 서비스 기능을 가집니다. 산사태를 일으킬 수 있는 지형을 카르스트라고 하는데 석회암 대지에 발달한 침식 지형입니다. 이 카르스트 지형에 발달한 카르스트 대수층(지하수가 있는 지층)의 물을 세계 인구의 약 25퍼센트가 사용하고 있다고 하니, 중요한 식수 공급원입니다. 또한 새로운 생물 서식지를 마련해 주어 자연 생태계를 건강하게 만들고, 우리에게 아름다운 자연 경관과 새로운 광물 자원을 주기도 하죠. 이 두 가지 얼굴 중 자연재해 피해를 최소화하고 자연 서비스 기능의 혜택을 최대로 얻으려면 산사태에 숨어 있는 과학적 원리를 알아야 합니다.

산사태는 왜 발생할까

산사태는 암석이나 돌, 또는 이들이 혼합된 물질이 사면 아래로 굴러 내려오는 현상입니다. 지면과 물체가 맞닿는 곳에서 작용하는 마찰력을 극복하고, 중력으로 물체가 사면을 따라 내려오는 현상이죠. 다시 말해 중력이 마찰력을 극복할 때 발생하는 것이 산사태입니다. 중력이 클수록, 마찰력이 작을수록 산사태가 잘 일어납니다.

그런데 중력이 마찰력보다 커진다는 것은 어떤 의미일까요? 다음 그림에서 사면을 따라 내려오는 방향의 중력을 생각해 보

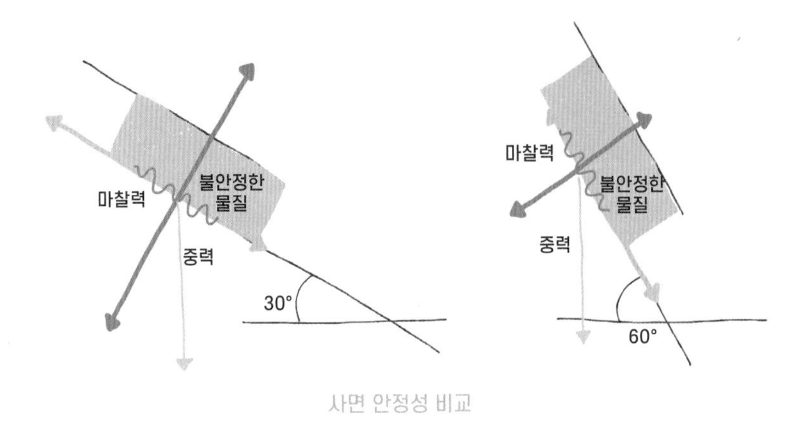

사면 안정성 비교

면, 중력이 일정한 상태에서 같은 무게의 물체라도 경사면이 완만할 때보다 가파를 때, 즉 경사각이 커질수록 사면을 따라 내려오는 중력이 커짐을 알 수 있습니다. 또한 같은 경사각을 가진 지형이라고 해도 사면을 구성하고 있는 물질의 마찰력이 작으면 작을수록 끌어당기는 힘이 약하므로 쉽게 미끄러져 산사태가 발생하죠.

산사태가 일어날 가능성은 이 같은 사면 안전성으로 평가할 수 있습니다. 사면 안정성이란 사면이 완만할수록 높아서 안정적이고, 사면이 가파를수록 불안정하여 산사태가 쉽게 발생하는 것을 말합니다. 마찬가지로 사면을 구성하는 토양의 물질에 따라서도 사면 안정성이 달라지죠. 특히 딱딱하게 고화(고체화)되지 않은 느슨한 퇴적물로 구성된 토양은 사면 안정성이 낮아 산사태가 쉽게 일어납니다. 예를 들면 비나 지하수 등으로 토양에 물이 많이 차면 지반이 약해지므로 같은 경사각을 가지고 있어도 사면 안정성이 낮아져 더욱 쉽게 산사태가 발생할 수 있습니다.

지진이 일어날 때 종종 산사태도 같이 발생합니다. 지진파가 물이 과포화된 토양을 통과하면 갑작스러운 충격을 받아 모래 입자가 움직입니다. 이 과정에서 모래 입자가 서로 밀어내면서 이들 사이의 간격을 줄이면 마찰력은 줄고 중력이 늘면서 사면 안정성을 해치죠. 모래 입자 사이의 줄어든 간격만큼 지하수가 외

토양 액상화 현상

부로 빠져나가니까 토양이 강도를 잃으면서 약해지고요. 이처럼 토양이 마치 액체처럼 연약해지는 현상을 '토양 액상화'라고 하며, 많은 건물이 무너지고 산사태가 발생하는 원인입니다.

전 세계의 주요 산사태

1970년 페루 융가이 산사태

1970년 5월 31일 페루 앞바다에서 규모 7.9~8.0 지진이 발생했습니다. 7장 지진 편에서 다룬 것처럼 규모 7.9~8.0이면 매우 강력한 역대급 지진입니다. 그런데 이 지진이 고원 지대인 융가이에 발생한 지 몇 분 지나지 않아 갑자기 한 마을이 완전히 자취를 감추었습니다. 지진으로 인한 산사태로 약 1,000만 톤 정도의 암석과 눈이 날아와 순식간에 이 마을을 모두 덮어 버렸거든요.

당시 2만 명 이상 살던 마을에서 생존자는 어린아이 300여 명 정도밖에 되지 않았다고 합니다. 건축물의 70퍼센트가 무너지고 그 잔해와 암석, 흙, 눈 등이 5미터 두께로 쌓였고요. 건물의 1, 2층이 완전히 덮이는 높이죠. 페루 정부는 융가이 산사태를 겪은 뒤 5월 31일을 '자연재해 교육과 추념의 날'로 지정했습니다.

현재 이 마을은 국립묘지 추모 공원으로 조성되어 희생자들의 이름이 새겨진 십자가와 무덤이 가득한 상태입니다.

고원 지대인 이 마을에서는 평소에도 가끔씩 산사태가 일어났다고 해요. 그러나 보통 산사태가 일어나도 산 중턱에서 멈췄기 때문에 특별히 주의하지 않았던 게 첫 번째 문제였습니다. 산 중턱에서 멈추지 않고 마을까지 토사(흙과 모래)가 내려올 경우에는 미처 대비하지 못했던 거예요. 두 번째 문제는 산사태로 내려온 물질에 많은 얼음이 포함되어 있어 마찰력이 작다 보니 가파른 경사를 시속 200킬로미터의 매우 빠른 속도로 내려왔다는 겁니다. 대비하지 않은 상태에서 산사태가 일어난 뒤에는 마을 사람들이 대피할 시간적 여유가 없었다는 뜻이죠.

2017년 중국 쓰촨성 산사태

중국 쓰촨성에서는 단 100초 만에 신모촌이라는 마을이 사라졌습니다. 2017년 6월 24일 오전 6시에 100초 정도 흙과 돌이 흘러내린 토석류 산사태 때문입니다. 당시 중국 정부의 공식 발표에 따르면, 사망자는 10명이고 실종자는 93명이었습니다. 약 9년 전인 2008년에 발생했던 쓰촨성 대지진의 진원에서 불과 40킬로미터 정도 떨어진 곳이라서 지반이 약해진 탓도 있지만, 결정적 원

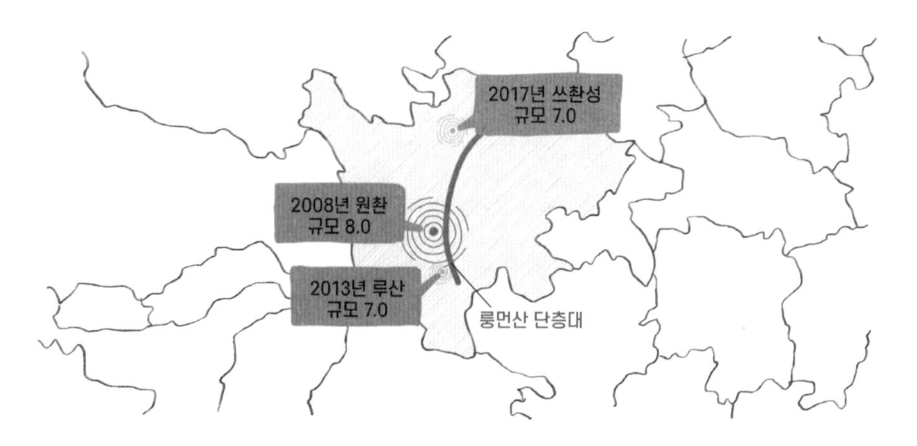

쓰촨성 지진 발생 원인

인은 산사태 발생 3일 전에 내린 폭우였습니다. 비가 많이 오면서 토양 강도가 매우 약해져 마찰력은 감소한 반면, 하중이 늘면서 중력은 증가했기 때문에 산사태가 쉽게 발생할 수 있는 조건이 되었죠.

이 산사태로 대량의 토사와 바위가 쏟아져 내리면서 수로가 막히고 도로가 사라졌습니다. 약 800만 세제곱미터에 달하는 거대한 토사에 뒤덮여 신모촌 마을은 지도에서 완전히 사라졌고요.

2011년 서울 우면산 산사태

우리나라에서는 앞에서 소개한 2011년 서울 우면산 산사태가 잘 알려져 있습니다. 2010년대 산사태의 피해 면적과 인명 피해 규모를 연도별로 나타낸 산림청 자료를 살펴보면, 2011년 산사태 피해가 압도적으로 컸다는 사실을 확인할 수 있습니다. 우면산 산사태는 2011년 7월 27일 오전 7시 40분부터 약 한 시간 동안 13개 구역에서 150회 정도 일어났습니다. 산사태가 발생하기 열다섯 시간 전부터 내린 집중 호우로 토양이 많이 약해진 상태에서 한 시간가량 또다시 폭우가 쏟아지면서 일어났어요. 이 산사태로 16명이 숨지고 50명 이상 다쳤으며, 우면산 인근 마을 120여

산림청

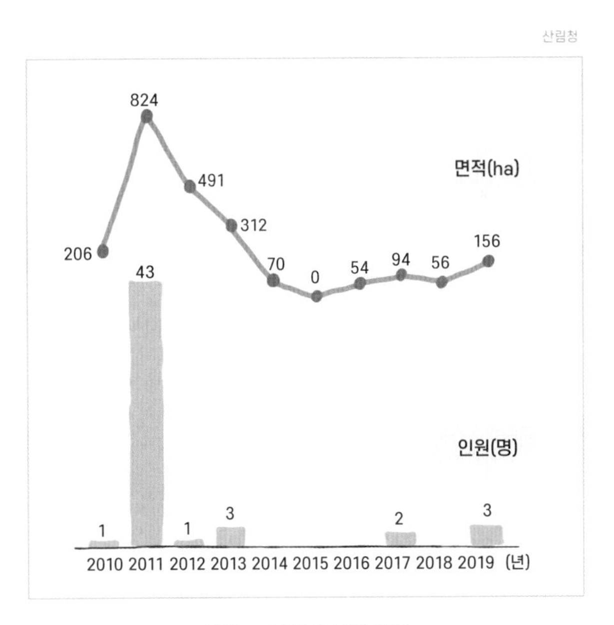

최근 10년간 산사태 피해

가구 가운데 60여 가구가 고립되었습니다.

우면산 산사태는 폭우가 직접적인 원인이므로 자연재해가 맞습니다. 하지만 산사태에 대한 대비가 부족했던 것이 피해를 키운 원인으로 지적되면서 어느 정도는 인재였다는 사실이 드러나기도 했죠. 산사태 이후 몇 년간 주민들의 집단 손해 배상 소송이 이어졌고, 결국 2019년 5월 법원은 피고인인 서초구청의 책임을 인정하는 판결을 내립니다. 주민들에게 재난 경보 발령과 대피 조치를 하지 않은 점, 교통을 통제하지 않은 점, 시설물 보존 설치 등을 제대로 하지 않았던 점 등 지방정부의 역할을 제대로 하지 않아 피해를 키웠다는 게 판결의 근거였어요.

정부는 우면산 산사태를 계기로 산사태 대책을 모든 면에서 개편하고 산사태 대비도를 높였습니다. 산사태 피해가 감소하는 성과가 나타났죠. 그런데 2020년대부터 또다시 대규모 산사태가 일어났습니다. 2020년 여름에는 산사태가 6,000건이 넘으면서 9명의 인명 피해를 내고 3,000억 원 이상의 복구 비용이 들었습니다. 우면산 산사태만큼 인명 피해가 발생하진 않았지만 피해 면적과 비용을 생각하면 매우 큰 규모입니다. 이후로 여름이 되면 집중 호우가 내리는 중부 지방을 중심으로 피해가 끊이지 않고 있습니다.

사회적으로도 경각심이 높아졌고 산사태에 대비하고 있는데, 왜 2020년대부터 산사태 피해가 끊이지 않을까요? 4장 폭우와 홍수 편에서도 다루었듯이 기후위기가 심해지고 이전에는 없던 기상이변이 더 자주 나타나면서 과거와 성격이 다른 신종 자연재해가 잇따르고 있습니다. 변화하는 자연재해의 특성을 알아내어 이에 맞게 대처하지 않는 한 피해 규모는 계속 늘어날 거예요.

2020년에는 매우 오랜 기간 장마가 지속됐습니다. 중국에서는 이재민만 수천만 명에 달할 정도였고, 일본도 남부 지방을 중심으로 심각한 홍수 피해를 입었습니다. 우리나라에는 상대적으로 적은 피해를 주었지만, 역대 가장 긴 장마를 겪으며 곳곳에서 산사태 피해가 발생하는 것을 막지 못했습니다.

오랜 장마로 많은 양의 비가 지하수로 흘러들어가 쌓이면서 토양의 함수율(물을 포함하는 비율)이 높아졌습니다. 206쪽 그림에서 보듯이 모래 입자 주위는 얇은 물 입자가 덮고 있고, 모래 입자 사이의 간극(틈)은 물이 채우고 있어요. 그런데 적은 물로는 그 틈이 채워지지 않습니다. 따라서 틈 안에 물의 무게가 늘어나 액체 표면이 스스로 수축해 최대한 작은 면적을 만드는 힘인 표면 장력이 약해지죠. 입자 사이가 착 달라붙는 점착력도 약해지고요. 결국 마찰력이 감소하고 중력은 증가하면서 사면 안정성이 심각

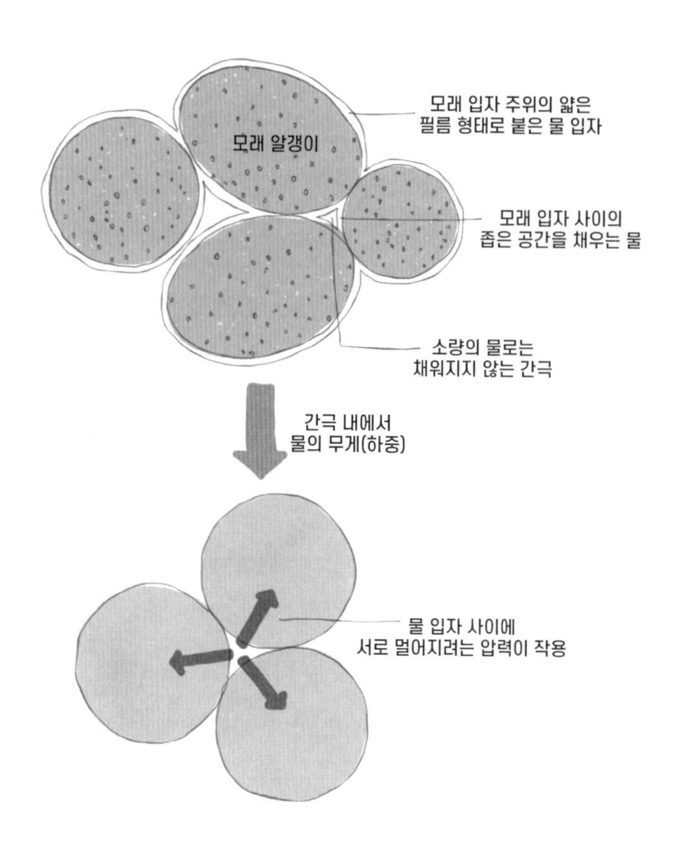

하게 파괴되었습니다.

산림청에서는 누적 강수량과 초단기 강수량 예측 결과를 바탕으로 산사태 위기 경보를 발령하고 있습니다. 2011년 우면산 산사태 당시에도 전국적으로 산사태 '심각' 단계를 발령했습니다. 심각 단계는 모든 산에서 산사태가 일어나도 이상하지 않을 정도의 단계에 해당하죠. 1967년 산림청이 생긴 이래로 심각 단계 발령은 처음이었다고 해요. 앞으로 극한 기상 현상으로 발생하는 산사태에 대비해야 합니다. 철저하게 대비하지 않으면 우면산 산사태보다도 큰 피해로 이어질 수 있으니까요.

산사태 피해를 줄이려는 노력

산사태 피해를 최대한 줄이려면 우선 산사태가 잘 발생할 수 있는 위험 지역을 파악해야 합니다. 산사태도 아무 곳에서나 발생하는 것이 아니라서 사면 안정성 등을 분석하면 산사태 위험 지역을 미리 알 수 있습니다. 기본적으로 점토 같은 연약한 지반 위에 사면이 있으면 산사태가 발생할 확률이 훨씬 높죠. 또 급경사지나 완만한 경사지보다 중간 정도의 경사지에서 산사태가 잘 일어납니다. 급경사지는 경사각이 크고 사면 안정성이 낮아 물질이 평소에도 잘 굴러 내려와서 사면에 연약한 물질이 별로 없거든요. 완만한 경사지는 사면 안정성이 더욱 높아 산사태가 발생할 위험도가 낮고요. 오히려 중간 정도의 경사지에서 급작스러운 산사태가 발생할 위험이 가장 큽니다.

경사각 말고도 산림 상태를 바탕으로 산사태 발생 위험을 분석해야 합니다. 산사태는 뿌리가 깊은 활엽수림보다는 뿌리가 얕은 침엽수림이 있는 곳에서 더 쉽게 발생합니다. 그 밖에 군사용 진지가 있거나 빗물이 고일 수 있는 이동 통로가 있어도 산사태가 발생할 확률이 높아지죠.

산사태의 위험을 사전에 감지하려면 위험 징조를 알아야 합니다. 위험 징조는 대표적으로 네 가지를 꼽습니다. 첫째, 경사면에서 갑자기 많은 양의 물이 솟는 경우입니다. 물이 갑자기 솟는 것은 땅속의 지하수가 포화 상태라는 뜻이어서 산사태가 일어나기 직전의 상황이라고 볼 수 있습니다. 이 같은 징조를 보면 빠르게 대피해야 합니다. 둘째, 반대로 평소에 지하수나 샘물이 잘 나오던 곳에서 갑자기 물이 멈추거나 안 나오는 상황 역시 위험할 수 있습니다. 산 위의 지하수가 통과하는 토양층에 이상이 발생한 것이니까요. 셋째, 산허리 일부에 금이 가거나 내려앉았을 때도 위험합니다. 넷째, 바람이 불지 않는데도 나무가 흔들리거나 넘어지고, 산울림이나 땅울림이 들릴 때는 이미 산사태가 시작된 것으로 볼 수 있습니다. 산사태가 시작되면 음파가 멀리 전파하는 소리가 나니까요. 소리가 들리면 즉시 대피한 후 가까운 주민센터나 재난안전대책본부에 신고해야 합니다.

땅이 가라앉는 지반 침하

지반 침하는 지반이 여러 이유로 내려앉는 것을 말합니다. 지진이나 지각 변동, 재해로 생기는 자연 침하가 있고, 지하수를 너무 많이 쓰거나 땅을 계속 파거나 약한 지반 위에 건물을 짓는 등 인간 활동으로 생기는 인위적 침하가 있습니다.

이탈리아 피사의 사탑

가장 잘 알려진 지반 침하 사례는 이탈리아 피렌체에 있는 피사의 사탑입니다. 피사의 사탑이 기울어진 이유는 균형이 맞지 않는 토질 때문입니다. 상대적으로 매우 부드러운 남쪽의 토양이 건축물의 하중을 견디지 못하고 기울기 시작한 거죠. 이탈리아 정부는 피사의 사탑이 기울어지기 시작한 지 한참 지난 1964년에 이 탑의 붕괴를 막기 위해 전 세계에 지원을 요청했습니다. 1990년 안전상의

문제로 일반인에게 공개가 금지되었고, 경사각을 수정하기 위해 다양한 아이디어를 논의해 10년 동안 여러 차례 보수 공사를 진행했습니다. 그 뒤 2001년 11월부터 관광객들에게 다시 피사의 사탑을 공개했죠.

미국 캘리포니아 샌와킨 계곡

또 다른 지반 침하 사례는 캘리포니아의 샌와킨 계곡입니다. 엘니뇨 현상 같은 특별한 경우가 아니면 캘리포니아를 비롯한 동태평양 연안 지역은 하강기류가 우세하여 구름이 없어 맑고 건조한 사막 지대입니다. 비가 잘 오지 않아 물이 부족하니까 지하수

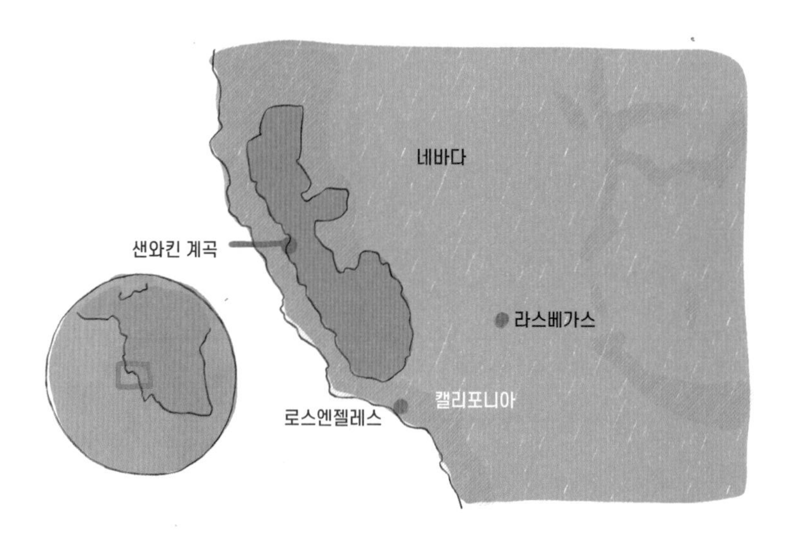

를 뽑아 쓸 수밖에 없고, 지하수 저장량은 계속해서 줄어들었죠. 1920년대부터 샌와킨 계곡에 있는 수천 개의 우물이 고갈되어 가고, 이 때문에 계곡 부근의 지반이 매년 수 센티미터씩 침하했습니다. 지금은 수 미터가 낮아진 상태예요. 특히 2012년에는 캘리포니아 지역에 극심한 가뭄이 발생해서 많은 지하수가 농업용수로 쓰이기 시작하자 심각한 지반 침하가 나타났습니다.

미국 연방 정부와 캘리포니아 주 정부는 1960년대 이후부터 수천억 원을 들여 농업용수 공급 등 지반 침하 대책을 마련해 왔습니다. 장기적으로 농업용수의 공급원을 만들고, 지하수를 사용량을 줄이지 않으면 지반 침하가 계속 일어날 수밖에 없으니까요.

이탈리아 베네치아

이탈리아의 베네치아(베니스)도 지반 침하가 생기는 항구 도시입니다. 베네치아는 석호의 진흙 바닥에 나무 기둥을 꽂아 간척 사업으로 만든 도시라서, 도시의 지반 자체가 아주 무른 진흙인 셈이에요. 이렇게 지반이 약하니 지반 침하가 자주 일어날 수밖에 없죠. 더구나 최근 전 지구적인 해수면 상승까지 겹쳐 심각한 침수 피해도 나타나고 있고요. 2020년에도 이탈리아 전역에 많은 비가 내려 베네치아는 53년 만에 최악의 홍수를 겪었는데, 관광지로 유명한 산마르코 광장과 산마르코 대성당이 침수되었습니다. 9세기에 세워진 산마르코 대성당은 1,200년 동안 다섯 번 침수되었고, 그 가운데 한 번이 2020년이었습니다.

이탈리아 정부는 베네치아의 지반 침하 문제로 국가 비상사태를 선포하고 피해 복구 작업을 긴급 지원했습니다. 가라앉는 베네치아를 보호하기 위해 '모세 프로젝트'를 진행해 2020년 완료했죠. 모세 프로젝트는 아드리아해와 베네치아가 연결되는 수로 입구 세 곳에 30미터 높이의 대형 차단벽을 설치해서 바닷물이 범람하지 못하도록 막는 대비책입니다. 이 차단벽은 평소엔 바다 밑바닥에 가라앉아 있다가 해수면이 일정 높이 이상 올라가서 침수 위기가 닥치면 공기를 주입해 일으켜 세우는 방식으로 작동합니다.

우리나라 지반 침하 사례

우리나라에서도 지반 침하는 흔하게 볼 수 있습니다. 지반 침하는 주로 인위적으로 급격한 도시화를 진행하는 과정에서 생겨나기도 해요. 그 대표적인 예가 싱크홀sinkhole로, 땅속에 만들어진 빈 공간이 주저앉아 생긴 웅덩이, 구멍입니다. 2014년 8월 서울 송

파구 석촌 지하차도에서 싱크홀이 생겼습니다. 지하철 9호선 터널 공사를 하는 과정에서 지반 틈새를 메우는 공법을 제대로 실행하지 않아 발생했죠.

지반 침하는 주로 대형 굴착 공사를 진행하는 곳, 지하수를 너무 많이 뽑아내는 구간, 상하수도 매설 지역 같은 곳을 중심으로 발생하고 있습니다. 지반 침하를 막으려면 무엇보다 기술적인 검토가 제대로 이루어지고, 안전 관리를 강화해야 합니다. 더불어 지반 침하 위험이 큰 곳은 자주 모니터링하고, 노후 상하수도 관들을 정비하는 등 방재 노력이 필요합니다.

산사태에서 살아남기 위해 기억해야 할 다섯 가지 기본 개념

첫째, 자연재해는 과학적 평가로 예측할 수 있습니다. 산사태와 지반 침하도 아무 곳에서 아무 때나 발생하는 것이 아니라 사면 안정성 등 조건이 갖추어진 시간과 장소에서 발생합니다. 더구나 발생 직전에 여러 전조 현상을 보이기 때문에 과학적 평가로 어느 정도 예측할 수 있습니다.

둘째, 위험 분석이 자연재해 피해 효과를 파악하는 데에 중요하다는 개념도 산사태와 지반 침하 사례에서 잘 알 수 있습니다. 사면 경사각과 토양 물질 분포, 지하수 현황과 상하수도 등을 통해 산사태와 지반 침하가 발생할 만한 위험 지역을 파악하고, 미리 재해 지도를 만들어 피해 규모를 예상하면 대처할 수 있죠.

셋째, 산사태를 일으키는 요인 가운데 함수율을 포함해서 지반의 구성 물질, 지반 강도, 지반 경사각 같은 물리적 환경 요인이 무엇보다도 중요합니다. 자연재해가 물리적 환경과 밀접한 관련이 있다는 개념을 적용할 수 있죠. 또 페루 융가이나 중국 쓰촨성의 산사태 사례로부터 산사태가 지진, 폭우 등 다른 재해와도 밀접히 관련된 것을 알 수 있습니다.

넷째, 과거 재난이 미래에는 더 큰 재앙이 될 수 있습니다. 과거에 산사태가 발생했던 곳에서 다시 산사태가 발생하는 경우는 꽤 흔합니다. 산사태가 발생한 곳을 살펴보면 과거에 비슷한 산사태를 겪었던 곳이 많습니다. 특히 페루 융가이 산사태가 발생했던 곳은 그전에도 종종 산사태를 목격할 수 있던 곳이었죠. 그러나 과거에는 사람들의 삶에 그리 영향을 주지 않았

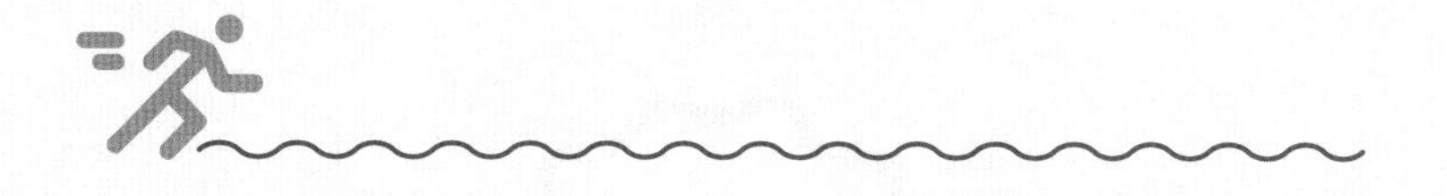

던 산사태가 1970년에는 한 마을을 흔적조차 없이 사라지게 했다는 사실을 잊지 말아야 합니다.

다섯째, 산사태와 지반 침하 역시 다른 자연재해와 마찬가지로 그 특성을 과학적으로 잘 이해하고 사전에 충분히 대처하면, 얼마든지 피해를 줄이고 혜택만을 누리며 극복할 수 있습니다.

산사태 취약 지역에 사는 주민은 항상 산사태에 대비해야 합니다. 특히 여름 장마철이나 태풍이 오기 전에 산사태주의보가 발령되면 대피를 준비하고, 간단한 생필품도 준비해 둡니다.

산사태 취약 지역 주민과 산 근처에 사는 주민은 대피 장소를 미리 확인합니다.

산지 근처에 있는 주택에 사는 경우에는 배수 시설을 점검하고, 위험 요인을 발견하면 주민센터 등에 도움을 요청합니다.

산사태 단계별 행동 요령과 비상연락처를 미리 알아 두어야 합니다.

태풍이 왔거나 폭우가 내릴 때

방송, 인터넷, 모바일 등을 통해 기상예보와 위험 상황을 지속적으로 확인합니다.

PC의 산사태정보시스템(sansatai.forest.go.kr) 또는 모바일앱 '스마트산림재해'를 설치한 뒤 산사태주의보 발령 지역을 실시간으로 확인합니다.

산사태가 일어날 위험이 있는 산지 주변에서는 야외 활동(등산, 캠핑, 농로 정리 등)을 하지 않습니다. 산에 있다면 계곡 주위에서 벗어나 높은 곳으로 올라갑니다.

대피 명령이 떨어지면 반드시 지정된 대피 장소나 마을회관, 학교 등 산지로부터 떨어진 안전한 곳으로 대피합니다.

산사태는 위에서 아래로 발생합니다. 따라서 대피할 때는 산사태 발생 방향과 수직 방향에 있는 가장 가깝고 높은 곳으로 이동합니다.

산사태가 발생한 곳을 확인했거나, 인명 피해가 우려될 경우 산림청 중앙산림재난상황실 또는 119로 연락합니다.

10

대기오염

숨 쉴 권리를 침해하는 미세먼지

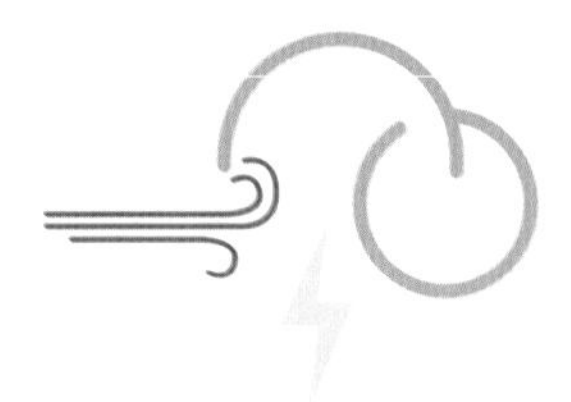

사람이 숨 쉴 권리를 침해당하는 것만큼 중대한 문제가 또 있을까요? 코로나바이러스 감염증-19 사태를 겪는 동안 조금 나아졌다고 하지만, 우리나라는 2017년 한때 최악의 대기오염 국가로 손꼽힌 적이 있을 정도로 대기오염이 심각한 편입니다. 더구나 전력 생산에서 화력 발전소가 차지하는 비중도 여전히 높은 편이라서 중국과 함께 동아시아 대기오염원으로부터 자유로울 수 없습니다.

인간 활동이 배출한 오염 물질로 만들어지는 대기오염은 자연재해와 어떤 관련이 있을까요? 첫째, 오염 물질은 한자리에 머물러 있지 않고, 기류를 타고 이동하거나 반대로 기류가 약한 경우엔 정체되면서 오염 농도를 바꿉니다. 이 과정에서 풍속, 기압,

기온 같은 대기 현상의 영향을 받습니다.

둘째, 인간 활동이 배출하는 것은 미세먼지 같은 직접적인 대기오염 물질만이 아니라 이산화탄소, 메탄 등 온실가스도 있습니다. 지구 대기에 증가하는 온실가스 농도는 오늘날 기후위기의 주원인입니다. 대기오염이나 기후위기 모두 인간 활동으로 나타난 것이니 자연재해보다 인재의 성격이 더 크다고 봐야겠죠.

앞서 살펴본 태풍, 폭염, 한파, 폭설 등 자연재해는 지구 환경이 자연적으로 변화하는 과정에서 나타나는 현상이므로 우리에게 피해를 주면 자연재해라고 부르지만, 오늘날 발생하는 자연재해의 상당 부분은 기후위기와 함께 인재의 성격을 가지고 있습니다. 지금은 대기오염처럼 자연 재난과 사회 재난 사이의 구분이 점점 모호해지고 있죠.

미세먼지는 사회 재난

요즘은 인공위성 원격탐사 기술과 앞서 말한 대기 수치 모델 기술이 발달해 흔히 우리가 미세먼지라고 부르는, 대기 중 에어로졸 농도의 전 지구적·지역적 분포와 시간에 따른 변화를 실시간으로 감시할 수 있습니다.

NASA

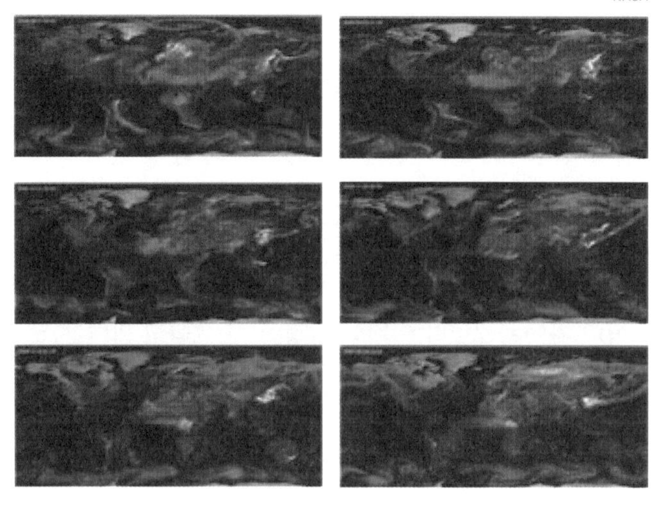

에어로졸 종류별 농도의 분포

위 사진은 2006년 8월 17일부터 2007년 4월 10일까지 시시각각 변화하는 에어로졸 종류별 농도의 분포를 나타낸 것입니다. 색상으로 다양한 오염 물질을 구분하고 있죠. 이 가운데 초록색은 흔히 검댕이라고 부르는 블랙 카본black carbon인데, 석유와 석탄 같은 화석 연료나 나무 등이 산소가 충분하지 않은 상태에서 타는 불완전 연소를 하면서 생기는 그을음입니다. 빨간색과 주황색은 황사 같은 흙과 모래, 먼지, 흰색은 황산염, 파란색은 해염(바닷물이 증발해서 물기가 빠진 소금, 금속 성분 등)입니다. 대기에는 이런 물질이 서로 다른 형태의 입자를 이루어 기류를 타고 돌아다니며 지구 곳곳의 대기 조성(공기의 구성)을 계속 바꾸고 있습니다. 따라서 기상 상태와 공장 굴뚝이나 황사 발원지 등의 배출원에서 나오는 오염 물질의 농도를 살펴보면서 대기 환경을 지속적으로 감시하고, 미래에는 대기 환경이 어떻게 바뀔지 예측하고 예보하는 일이 중요해지고 있죠.

1940~1950년대에 선진국의 대도시들은 엄청난 대기오염 피해를 입었습니다. 1943년 미국 캘리포니아주 LA에서 황갈색 스모그 현상이 나타났고, 1952년 영국 런던에서는 스모그 현상으로 1만 명 이상이 사망했죠. 세계보건기구에 따르면, 1990년대에도 프랑스에서 스모그로 사망한 사람이 1년간 350만 명이었다고 합니다. 대기오염으로 암, 폐질환 같은 여러 질병이 생기고, 특히 고농도의 미세먼지에 3일 동안 노출될 경우 인구 100만 명 도시를 기준으로 약 1,000명의 천식 환자가 생기고 사망자가 4명 더 늘어난다는 결과도 나오고 있습니다.

2020년부터 코로나바이러스 감염증-19로 마스크 착용이 일상화되었죠. 그전부터 우리나라 사람들은 매일 미세먼지 상태를 확인한 후 미세먼지 농도가 높은 날에는 사람들이 자발적으로 마스크를 착용해 왔습니다. 이렇게 피부로 직접 느끼는 재해임에도 불구하고 미세먼지가 재난안전법상 재난으로 인정된 것은 얼마 되지 않았습니다. 국회에서 2018년에 미세먼지를 재난 및 안전관리 기본법의 사회 재난에 포함하는 법안을 발의했고, 2019년에 가결되어 법적 재난으로 인정받았습니다. 재난으로 인정되면 정부 차원에서 예산을 들여 대응할 수 있습니다. 미세먼지의 오염원은 화석 연료나 자동차 매연같이 인위적으로 배출한 오염 물질입니다. 그래서 황사처럼 자연적으로 만들어지는 재난과 구분하여 사회 재난으로 분류하죠.

에어로졸, 미세먼지와 초미세먼지

대기 중에 있는 여러 물질 가운데 강수(물) 입자를 제외한 모든 입자상, 액체상 물질을 '에어로졸aerosol'이라고 합니다. 에어로졸은 상당히 다양하여 황사, 미세먼지, 초미세먼지 스모그 등이 모두 포함됩니다. 우리는 모두 뭉뚱그려 미세먼지라고 부르죠. 그 크기의 범위도 매우 넓어서 물질에 따라 0.001마이크로미터㎛부터 1,000마이크로미터까지 100만 배 정도 차이가 납니다.

에어로졸은 흔히 크기에 따라 PM10과 PM2.5로 구분합니다. PM은 Particulate Matter의 줄임말로 입자성 물질, 에어로졸을 뜻해요. 입자의 지름이 10마이크로미터보다 작으면 PM10, 미세먼지라고 부르고, 지름이 2.5마이크로미터보다 작으면 PM2.5, 초미세먼지라고 부릅니다. 미세먼지와 초미세먼지는 인체의 면역 기능을 떨어뜨리고, 입자 크기가 작을수록 건강에 미치는 영향이 크다는 연구 결과가 있습니다. 선진국에서는 1990년대 후반부터 미세먼지에 대한 환경 기준을 도입하여 대기질air quality 관리에 힘쓰고 있죠. 무엇보다 초미세먼지는 우리 몸의 폐포(허파꽈리)에 깊숙이 들어가서 계속 쌓이면 각종 호흡기 질환의 원인이 됩니다.

우리나라는 2015년 1월부터 환경 기준을 적용해서 미세먼지 농도를 관리하고 있습니다. 미세먼지와 초미세먼지는 가로, 세로, 높이가 1미터인 정육면체(부피 1세제곱미터)에 PM10, PM2.5 크기의 먼지들이 몇 그램 들어 있는가를 측정해 결정합니다. 2018년 3월부터 미국, 일본과 마찬가지로 연평균 15마이크로그램㎍, 하루 평균 35마이크로그램의 PM2.5 농도를 환경 기준으로 사용합니다. 기준치 이상이면 고농도로 판단해 대응하죠. 미세먼지 농도가 연평균 200마이크로그램, 하루 평균 400마이크로그램 이상으로 매우 높을 때는 목표물을 또렷하게 볼 수 있는 거리가 줄어 아무것도 보이지 않는 상태가 됩니다. 미세먼지 농도가 1세제곱미터당 55마이크로그램 이상이면 대기가 뿌옇게 흐려지고요. 그런데 눈에 보이는 미세먼지보다 잘 보이지 않는 초미세먼지 PM2.5가 우리 몸에 더 해로우므로 눈에 보이는 것보다 관측 장비로 측정한 과학적 데이터에 근거한 대책을 세우는 것이 중요합니다.

대기오염을 부르는 인간 활동

코로나바이러스 감염증-19 팬데믹이 한창이던 2020년 겨울에는 유난히 맑은 하늘을 자주 볼 수 있었습니다. 미국항공우주국과 유럽항공우주국에서 수집한 인공위성 원격탐사 관측 데이터를 확인해 보면, 화석 연료를 태울 때 가장 많이 나오는 물질인 이산화질소 농도가 2020년 초에는 급격하게 줄었다는 사실을 알 수 있습니다.

다음은 인공위성 원격탐사 관측 데이터로 파악한 중국의 이산화질소 농도 분포입니다. 왼쪽은 2020년 1월 1일부터 1월 20일까지, 오른쪽은 2월 10일부터 25일 동안의 평균 수치예요. 1월과 2월 분포를 비교하면, 1월에 비해 2월의 이산화질소 농도가 매우 낮아졌다는 것을 알 수 있죠.

중국은 원래 설날 연휴가 시작되는 1월 25일부터 대부분의 공장이 쉬기 때문에 이산화질소 농도가 조금 낮아졌다가 일주일

NASA

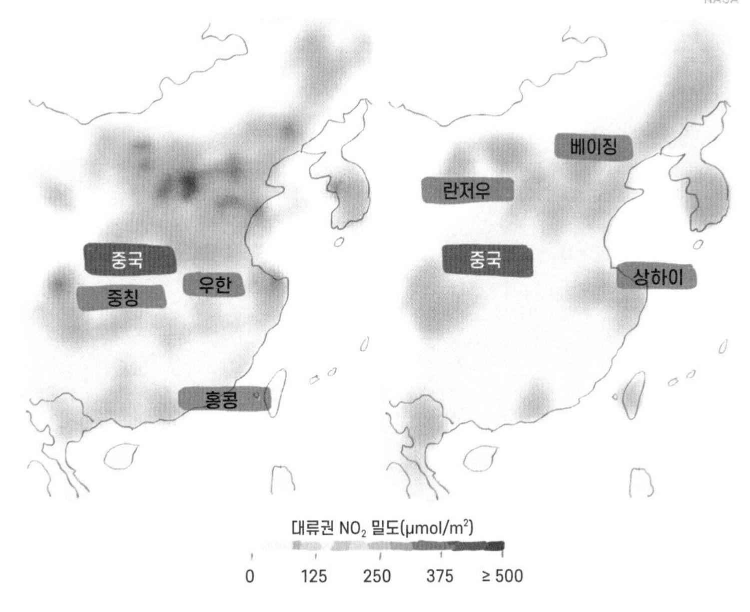

2020년 1~2월 중국의 이산화질소 농도 변화

후부터 다시 올라가는 경향이 매년 반복되고 있습니다. 그런데 2020년에는 2월까지도 이산화질소 농도가 계속 낮았습니다. 중국 정부가 코로나바이러스 감염증-19의 확산을 막기 위해 봉쇄령을 내리자 공장 가동을 멈추면서 이산화질소나 탄소 배출량도 줄었던 거예요. 인공위성으로 대기질을 감시하기 시작한 1990년대 이후 중국의 탄소 배출량이 줄어든 적은 한 번도 없다고 합니다. 그

만큼 인간 활동의 큰 변화가 대기질에 고스란히 반영되었음을 보여 주죠.

서유럽과 미국도 2020년 1월부터 4월까지 대기의 질소 산화물 농도가 다른 해 같은 기간에 비해 60퍼세트 이상 줄었습니다. 코로나바이러스 감염증-19 팬데믹 기간에 전 세계 주요 도시의 기능이 마비되고, 인간이 오염 물질을 배출하는 활동을 멈추었거든요. 그동안 질소 산화물 가운데 이산화질소 오염 정도는 평균적으로 중국 40퍼센트, 서유럽 20퍼센트, 미국 38퍼센트가 줄었습니다. 코로나바이러스 감염증-19가 적어도 대기질에는 긍정적인 영향을 주었다는 것을 알 수 있죠. 그러나 이러한 상황이 그리 오래가지는 않았어요. 감염자가 어느 정도 줄어들자 중국 정부는 이동 제한과 봉쇄 조치를 풀었고, 사람들이 경제 활동을 다시 시작하면서 중국의 대기 오염 물질 농도는 예전 수준으로 돌아갔습니다.

미국항공우주국의 인공위성 원격탐사 관측 데이터를 통해 살펴볼까요? 2020년 2월 10일부터 2월 25일까지의 이산화질소 농도 평균 수치에 비해 4월 20일부터 5월 12일까지의 평균 수치가 다시 증가했습니다. 2020년 4월 8일 이후 중국의 경제 활동이 빠른 속도로 회복되면서 오염 물질 배출량이 늘어나 대기질을 다시 떨어

NASA

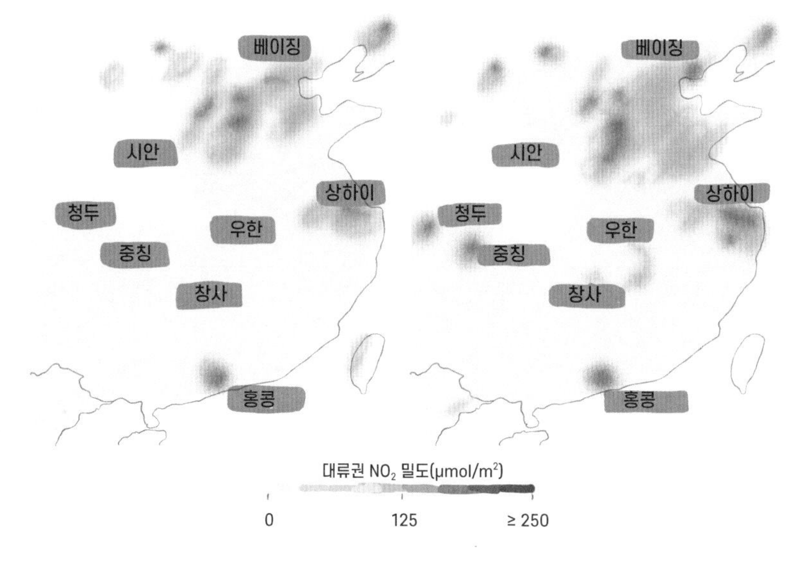

2020년 2~5월 중국 이산화질소 농도 변화

뜨린 거죠.

그렇다면 코로나바이러스 감염증-19 팬데믹 이전까지 우리나라의 대기질은 어땠을까요? 2001년부터 2018년까지 장기간 연평균 PM10, 연평균 PM2.5 농도가 믿기 어려울 정도로 계속 줄어드는 추세를 보이고 있습니다. 전국(파란색)적으로나 서울(빨간색)만 보나 장기적으로 대기질이 점점 좋아지고 있죠. 중국 베이징도 미세먼지 농도가 계속 줄어들고 있으며, 특히 베이징올림픽을

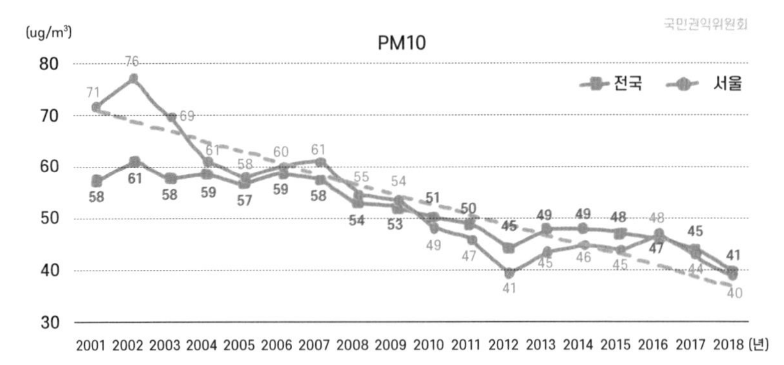

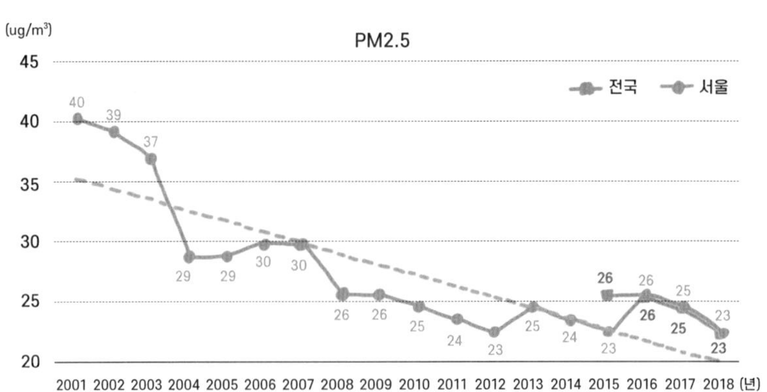

우리나라의 연평균 PM10, PM2.5 농도 변화

치른 뒤부터 아주 큰 폭으로 대기질이 나아지고 있습니다.

그런데 역설적인 현상이 나타나고 있습니다. 우리나라 국민권익위원회 자료에 따르면, 미세먼지 민원 건수는 2016년에 7,637건, 2017년에 1만 9,144건, 2018년에는 3만 건 이상으로 늘었

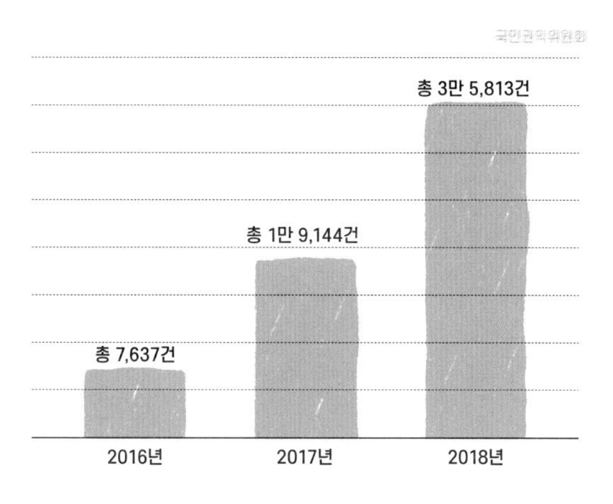

미세먼지 민원 건수 추이

습니다. 연평균 미세먼지 농도와 초미세먼지 농도가 실제로는 계속 줄었는데, 왜 미세먼지 민원은 오히려 크게 늘었을까요? 사람들이 예전보다 미세먼지에 더 민감해진 걸까요?

다음 그래프를 보세요. 연평균 미세먼지 농도는 장기간 계속 줄어들고 있지만, 월별로 1세제곱미터당 51마이크로그램이 넘는 고농도 일수는 잘 줄어들지 않고 있습니다. 월별 고농도 미세먼지 일수는 주로 겨울과 봄에 늘어납니다. 색상으로 구분된 2015년부터 2019년까지의 데이터를 비교해 보면 알 수 있죠. 즉 연평균 미세먼지 농도는 장기간 줄어들며 대기질이 계속 나아지지만, 겨울과 봄에 한 번씩 미세먼지 농도가 심하게 높아지며 발생하는

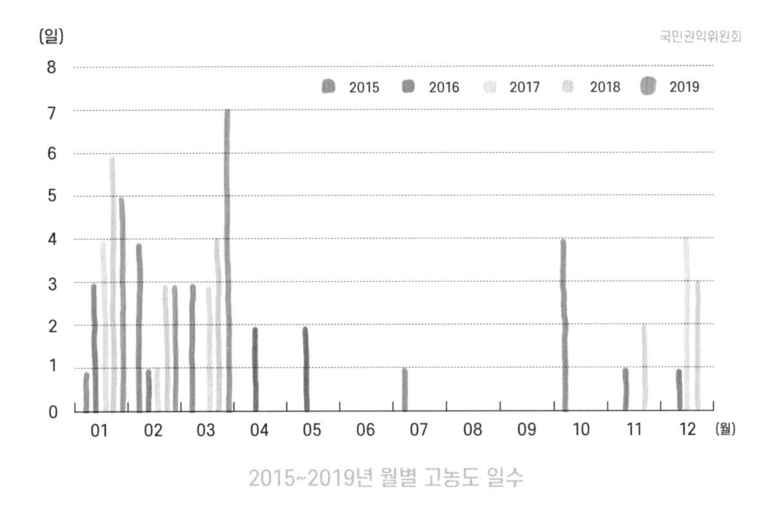

2015~2019년 월별 고농도 일수

고농도 일수는 최근까지도 줄지 않았습니다. 우리가 배출한 에어로졸은 기류를 따라 계속 대기 중에 흐릅니다. 그런데 겨울과 봄에는 대기가 자주 정체되다 보니 미세먼지가 빨리 흩어지지 않죠. 난방 등 오염 물질 배출이 늘기도 하고요. 반면 여름에 고농도 미세먼지가 잘 발생하지 않는 이유는 태풍이나 폭우 같은 다른 자연재해가 대기에 있는 미세먼지를 씻어 내리기 때문이기도 해요.

고농도 미세먼지는 이처럼 배출원에서 오염 물질을 언제, 얼마나 배출하는지에 큰 영향을 받으므로 미세먼지를 재난안전법상 사회 재난으로 분류하는 거예요. 그런 만큼 자연적인 대기 환경의 과학적 작동 원리를 알아내고, 미세먼지가 생길 수 있는 시간과 장소, 미세먼지와 관련된 물질의 농도 등을 정확하게 예측하는 일이 중요하죠.

고농도 미세먼지가 발생하는 원인은 사례마다 아주 다르므로 막연히 중국 때문이라거나 우리나라 내부의 원인 때문이라며 한쪽만 탓할 수 없습니다. 여러 요인을 과학적 데이터에 근거하여 종합적으로 분석해야 제대로 대처할 수 있죠. 대체로 국외 요인과 국내 요인이 각각 절반 정도 되는데, 북서풍과 서풍이 많이 부는 계절인 봄과 겨울에는 상대적으로 국외 요인이 중요해지고, 바람이 약해지는 여름에는 국내 요인이 더 크게 작용한다고 해요. 하지만 이러한 분석 역시 사례마다 원인이 다르므로 반드시 개별 사례를 과학적으로 자세하고 빈틈 없이 분석해야 합니다.

인공위성이 활약하는 대기오염 감시와 예측

몽골 발원지에서 자연적으로 만들어진 고농도의 황사가 기류를 타고 우리나라 상공으로 이동했다가 가라앉으면 우리나라에서도 황사 농도가 높아집니다. 기상청에서는 정지궤도 위성과 극궤도 위성 등 인공위성 원격탐사의 관측 데이터를 종합해 황사

농도 분포의 변화를 감시하며 실시간으로 분석하고 있습니다.

지구 주위에 떠 있는 수많은 인공위성은 크게 정지궤도와 극궤도 위성으로 구분합니다. 정지궤도 위성은 지구상 고정된 경도와 위도 좌표의 상공에 매우 높게 떠 있으며, 지구의 자전 속도에 맞춰 움직이므로 경도와 위도 좌표가 바뀌지 않아 '정지'되어 있습니다. 극궤도 위성은 시시각각 경도와 위도 좌표가 바뀌며, 상대적으로 더 작은 영역을 더 높은 공간 분해능(해상도)으로 자세히 관찰하며 지나가는 방식으로 작동하고요.

정지궤도 위성은 한곳에 머무르면서 계속 데이터를 수집하기 때문에 시간에 따른 변화를 연속적으로 감시하기 좋습니다. 지구 반구 전체에 해당하는 매우 넓은 영역을 한꺼번에 볼 수도 있죠. 하지만 높은 고도에 있어서 공간 분해능이 떨어진다는 단점이 있습니다. 반면 극궤도 위성은 시간에 따라 계속 위치가 바뀌니까 지구상의 서로 다른 위치를, 서로 다른 시간에 측정하면서 낮은 고도에서 높은 공간 분해능으로 자세히 관찰할 수 있고요. 그러나 한꺼번에 관찰할 수 있는 영역이 상대적으로 작고, 한 번 지나간 위치에 다시 돌아올 때까지 걸리는 시간이 길어서 그동안 무엇이 어떻게 변했는지 알 수 없다는 단점이 있습니다.

우리나라는 2010년 정지궤도 통신해양 기상위성 천리안을 쏘아 올렸고, 2018년 12월과 2020년 2월에 각각 기상위성 천리안 2A호, 환경·해양위성 천리안 2B호를 성공적으로 쏘아 올렸습니다. 이렇게 여러 개의 정지궤도 위성과 극궤도 위성을 활용하여 황사를 비롯한 대기, 해양, 환경 요소를 실시간으로 감시하며 분석 자료로 활용하고 있죠.

그런데 인공위성 원격탐사는 멀리서 원격으로 간접 측정하는 방식이라서 직접 현장에서 측정하는 현장 관측처럼 정밀한 데이터를 얻을 수 없습니다. 그래서 데이터의 정확도와 정밀도를 높이기 위해 지상 관측 데이터를 수집하는 동시에, 같은 위치에서 같은 시간에 인공위성 원격탐사로 수집한 데이터와 비교하고 분석합니다. 이렇게 수집된 지상과 해상의 현장 관측 데이터, 인공위성 원격탐사 관측 데이터는 대기 환경을 지배하는 수치 모델링 결과를 검증하고, 미래 에어로졸 농도를 예측하는 데에 활용합니다.

온실가스와 에어로졸, 기후변화

에어로졸 형태로 배출된 물질은 햇빛을 받으면 광화학 반응을 일으켜 2차 에어로졸 물질을 만들기도 합니다. 이때 생긴 다양한 물질이 온실가스와 함께 기후에도 영향을 주죠.

지구온난화는 기본적으로 온실효과greenhouse effect가 강화되기 때문에 나타납니다. 온실가스가 쌓여서 대기의 온실가스 농도가 높아지면 지구로 들어온 태양 복사 에너지가 다시 우주로 방출되지 못합니다. 지구에 다시 돌아오는 에너지가 점점 늘어나 열 에너지가 쌓이죠. 과거에는 온실효과가 인간 활동과 관련 없는 자연적 기후변화라고 주장하는 과학자도 있었어요. 그러나 오늘날에는 대다수 과학자가 인간 활동에 따른 인위적 기후변화라고 말합니다.

대기 환경이 변하면서 지구의 복사 에너지 수치가 변화한 것처럼 에어로졸 농도가 늘어나는 현상도 지구의 대기 환경을 바꾸어 복사 에너지에 영향을 줄 수 있습니다. 따라서 지구온난화 혹은 지구냉각화를 가져올 수 있는 요인을 분석해야 합니다.

다음 그래프는 복사 에너지 수치를 요인별로 분석한 겁니다. 산업화 이전을 대표하는 1750년의 복사 에너지와 비교해 복사 에너지를 증가시키는 요인은 양수, 감소시키는 요인은 음수로 표시했습니다. 여기서 양수는 온난화, 음수는 냉각화를 뜻하죠. 전체적으로 1950년, 1980년, 2011년 시간이 지날수록 지구온난화가 심해졌습니다. 그런데 요인별로 살펴보면, 이산화탄소, 메탄 등의 온실가스는 지구온난화에 기여하고, 산화질소 등 에어로졸은 지

				-1 0 1 2 3
인위적 요인	온실가스	이산화탄소 CO_2	CO_2	
		메탄 CH_4	CO_2 H_2O^{str} O_3 CH_4	
		할로카본 Halo-carbons	O_3 CFC_S $HCFC_S$	
	에어로졸	일산화탄소 CO	CO_2 CH_4 O_3	
		산화질소 NO_X	Nitrate CH_4 O_3	
		기타 에어로졸	Mineral Dust, Organic Carbon, Black Carbon	
			에어로졸에 의한 구름 변화	
자연적 요인	태양 복사 에너지 반사 변화			
	태양 복사 에너지 입사 변화			
전체 인위적 요인(1750W/m² 기준 증감)				2011
				1980
				1950

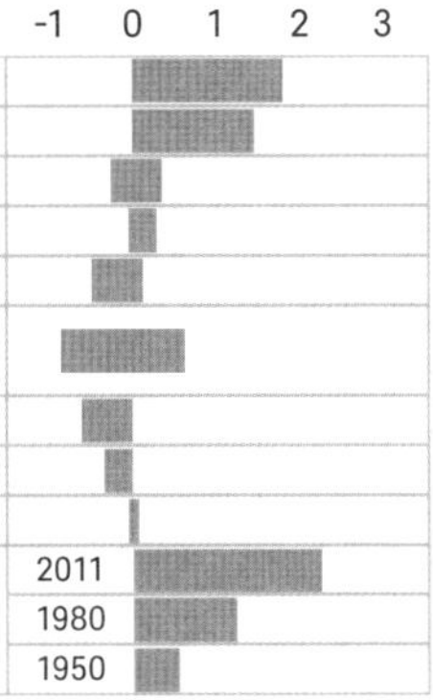

요인별 복사 에너지 수치

구냉각화에 기여하고 있습니다. 온실가스는 장파장의 지구 복사 에너지를 막아 복사 에너지를 지구로 되돌리는 온실효과를 통해 온난화에 기여하고, 에어로졸은 단파장의 태양 복사 에너지를 차단해 지구로 들어오는 에너지를 줄여 구름 생성에 영향을 주어서 냉각화에 기여한 거예요. 에어로졸 농도 증가가 지구온난화 측면에서는 오히려 긍정적인 기능도 한다는 뜻입니다. 그렇다고 에어로졸 농도가 늘어나는 현상을 반길 이유는 전혀 없습니다. 에어로졸 농도의 증가는 결국 대기오염 문제를 일으키니까요. 에어로졸 농도에 따른 지구냉각화보다 온실가스 농도 증가에 따른 지구온난화 효과가 더 커서 종합적으로 보면 지구온난화가 진행되고 있습니다. 만약 에어로졸 농도가 증가하지 않고 온실가스 농도만 증가했다면, 지구온난화의 수준은 이미 돌이킬 수 없을 정도로 높아졌을 겁니다.

대표적인 온실가스인 이산화탄소는 그동안 얼마나 증가했을까요? 미국 스크립스 해양연구소의 찰스 데이비드 킬링 박사는 1950년대부터 하와이 마우나로아 관측소에서 대기 중 이산화탄소 농도 연속 측정을 했습니다. 그가 죽은 뒤에는 아들인 랄프 킬링 박사가 이어받아 현재까지 대기 중 이산화탄소 농도 연속 측정을 하고 있죠. 두 사람의 측정 결과, 1950년대 310~320피피엠ppm 수준에서 2020년대엔 410~420피피엠 수준으로 무려 100피피엠이 늘어난 것으로 밝혀졌습니다. 이 관측에서 나타난 장기 이산화탄소 증가 곡선을 킬링 부자의 이름을 따 킬링 곡선Keeling curve이라고 부릅니다.

측정을 시작한 1950년대 이래 현재까지 대기 중 이산화탄소 농도는 계속 올라가기만 할 뿐 한 번도 내려온 적이 없습니다. 대기 중 이산화탄소 농도는 언제부터 이렇게 증가하기 시작했을까요? 대기 중 이산화탄소 농도를 실제로 측정하기 시작한 1950년대 이전의 대기 중 이산화탄소 농도는 빙하에 구멍을 뚫어서 얻은 얼음에 녹아 있는 이산화탄소로 알 수 있습니다. 이런 방법으로 지난 80만 년 동안의 이산화탄소 농도 변화를 살펴보았죠. 그 결과 지구의 대기는 200~250피피엠 범위에서 자연적으로 변화해 오다 산업화가 이루어진 19~20세기부터 갑자기 늘기 시작하여 지금은 무려 410피피엠이 넘는다는 사실을 확인했습니다. 즉 산업화가 진행되면서 인간이 대기를 '오염시켰다'고 볼 수 있습니다. 온실가스 농도 증가에 따른 대기오염은 미세먼지 농도 증가에 따른 대기질 저하와는 차원이 다릅니다. 미세먼지나 온실가스 모두 산업화 이후 인간 활동에서 비롯된 문제지만, 온실가스로 인한 대기 조성의 변화는 심각한 기후위기까지 가져올 수 있으니까요.

대기오염도 인간의 활동이 만들고 피해를 주고 있다는 점에서 인재의 성격이 있습니다. 온실가스를 비롯한 대기오염 물질을 획기적으로 줄이고, 자연 생태계의 탄소 흡수력을 키우는 등 근본적인 노력이 없다면, 지구는 기후과학자들이 경고했듯이 머지않아 인간이 살 수 없는 행성으로 변할 수도 있습니다. 이제는 인류의 발전 방식을 근본적으로 바꿔야만 합니다.

대기오염에서 살아남기 위해 기억해야 할 다섯 가지 기본 개념

첫째, 자연재해는 과학적 평가로 예측할 수 있습니다. 오늘날 시시각각 변화하는 전 지구적·지역적 에어로졸 농도의 분포는 인공위성 원격탐사 관측과 수치 모델링 등에 힘입어 과학적으로 평가하고 있습니다. 또 하와이 마우나로아 관측소를 포함하여 전 세계 각지에서 대기 중 온실가스 농도를 감시하고, 다양한 기후 모델 등을 만들어 기후변화를 전망하고 있죠.

둘째, 위험 분석은 자연재해 피해 효과를 파악하기 위해 중요합니다. 각종 호흡기 질환을 일으키는 고농도 미세먼지의 위험은 물론이고, 기후위기와 지구 생태계의 변화, 생태 위기의 위험 요소를 분석하는 노력은 피해 효과를 파악하는 데 매우 중요합니다.

셋째, 자연재해와 물리적 환경, 그리고 서로 다른 재해 사이에는 밀접한 관련이 있습니다. 우리나라에서 겨울과 봄에 고농도 미세먼지가 증가하는 이유는 대륙과 해양 사이의 비열 차로 발생하는 북서풍과 관련되므로 물리적 환경이 중요합니다. 한편으로는 태풍이나 폭우 같은 다른 재해가 미세먼지를 일시적으로 사라지게 해 준다는 점에서 서로 다른 재해 사이에는 밀접한 관련이 있다는 것을 알 수 있죠.

넷째, 과거의 재난이 미래에는 더 큰 재앙이 될 수 있습니다. 인간 활동에 의한 대기오염이 심각해지는 것은 물론이고, 온실가스의 농도가 증가함에 따라 기후위기가 심화되고 있죠. 그러면서 오늘날 과거에는 겪어 보지 못했던 이상기후가 나타나고 있습니다. 앞으로는 기후 재앙 수준의 피해가

자주 발생할 수 있다는 인식을 가지고, 탄소 중립을 실현하기 위해 노력해야 합니다.

다섯째, 인간 활동으로 대기 조성이 바뀌며 나타나고 있는 대기오염과 기후위기 문제도 과학적으로 원인을 잘 파악하고 사회적으로 제대로 대처한다면, 그 피해는 얼마든지 줄일 수 있습니다.

마이크로그램 질량의 단위로 기호는 μg이다. 1마이크로그램은 1킬로그램의 10억분의 1(1×10^{-6})에 해당한다.

피피엠 백만분율을 뜻하는 parts per million의 줄임말로 기호는 ppm이다. 100만 분의 1(10^{-6})을 나타내는 단위이며, 무게나 부피에 사용한다. 즉 일정한 부피의 물이나 유체의 무게가 1일 경우 그 속에 100만분의 1 무게만큼 오염 물질이 포함되었다는 뜻이다.

황사와 미세먼지는 혈관을 타고 이동하며 호흡기 질환이나 심혈관 질환 등 각종 질환을 일으킵니다. 특히 미세먼지는 세계보건기구가 1군 발암물질로 분류했을 정도로 위험하니 늘 미세먼지 농도를 확인하고, 주의해야 합니다.

집과 밖

황사와 미세먼지가 실내로 들어오지 못하도록 창문을 점검하고 공기청정기 등을 준비합니다. 이산화탄소 등 실내 오염 물질을 줄이기 위한 최소한의 환기는 해야 합니다.

노약자와 호흡기 질환자는 바깥 활동을 줄이고 부득이하게 외출할 때에는 반드시 마스크를 착용합니다.

외출하고 돌아온 뒤에는 손과 발을 깨끗이 씻습니다.

황사와 미세먼지가 사라진 뒤에는 충분히 환기하고 집안을 청소합니다.

황사와 미세먼지에 노출된 식품이나 물건은 잘 씻어서 먹거나 사용합니다.

어린이집·유치원·학교 등에 있는 아이와 학생들은 비상연락망을 점검하고 미세먼지와 황사에 대비하는 방법을 지도합니다. 바깥에 있는 어린이들은 빨리 집으로 돌아갑니다.

농촌

비닐하우스·온실·축사 등 시설물의 출입문과 환기창을 점검합니다.

방목장의 가축은 축사 안으로 대피시키고, 비닐하우스, 온실, 축사의 출입문을 닫아 황사에 노출되지 않도록 합니다.

11 해양오염

바다를 떠다니는 쓰레기 섬

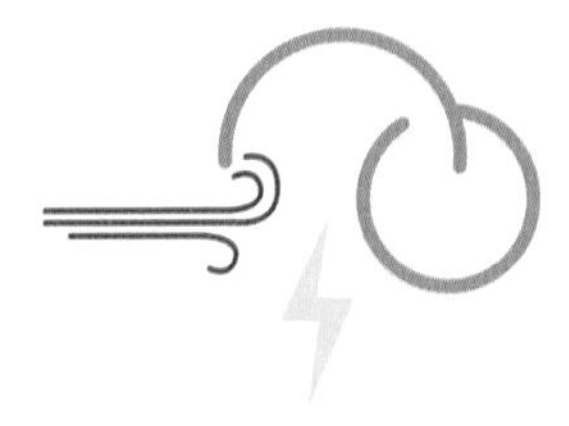

해양오염이 일으킨 역사상 최대의 환경 재앙은 2010년 딥워터 허라이즌호Deepwater Horizon 기름 유출 사고일 거예요. 북아메리카 대륙의 멕시코만에서 발생했던 이 사건은 지구의 해양 생태계가 인간 활동으로 얼마나 심각하게 파괴될 수 있는지 잘 보여 주는 극단적 사례입니다.

바다는 지구 표면의 약 70퍼센트를 차지하는 만큼 생태계에서 아주 중요한 역할을 하고 있죠. 우리는 바다에서 각종 스포츠와 레저 활동을 하거나 멋진 풍경을 보러 갑니다. 수산물, 에너지, 석유와 천연가스 같은 해저 광물도 얻고요. 이런 바다가 한 번 오염되면 육지보다 접근하기 어려워 오염 물질을 제거하기 어려울 뿐 아니라 훨씬 많은 비용이 들어갑니다. 게다가 우리의 건강을 해치거나 어업 활동을 방해하기도 하죠.

해양오염은 인간 활동으로 바다에 들어간 오염 물질이 수질을 악화시키거나 나쁜 영향을 불러오는 것을 말합니다. 미세먼지나 온실가스 농도 증가처럼 해양오염도 인재의 성격이 아주 큰 재난입니다. 그러나 일단 발생 후에는 자연현상에 의한 영향이 지대하여 자연재난 성격도 지니게 되지요. 에어로졸 농도 분포와 온실효과로 인한 기후위기가 대기 순환과 밀접히 관련된 것처럼 해양오염은 해류와 해양 순환에 지대한 영향을 받습니다.

기름 유출로 오염되는 바다

2010년 4월 20일, 미국 뉴올리언스 남쪽 멕시코만 바다 위에서 영국 석유 회사 브리티시 페트롤리엄BP의 딥워터 허라이즌호 폭발 사고가 일어났습니다. 이 배는 바다 밑바닥에 구멍을 뚫어 석유를 찾는 시추선이었죠. BP의 공식 보고에 따르면, 딥워터 허라이즌호에 연결된 심해 유정(원유를 퍼내는 샘) 내부에서 고압 메탄가스가 급격하게 분출되면서 시추관으로 뿜어져 나오다가 폭발했다고 합니다. 딥워터 허라이즌호는 폭발 36시간 만인 4월 22일에 바닷속으로 가라앉았습니다. 하지만 화재, 폭발, 침몰 같은 인재로만 끝나지 않았습니다. 시추선에 연결되어 있던 시추 파이프가 옆으로 쓰러지면서 부러졌고, 부러진 자리에서 기름이 유출되며 역사상 최악의 자연환경 오염이 시작되었거든요.

우리나라도 2007년 12월 충청남도 태안 앞바다에서 삼성 허베이 스피릿호의 기름 유출 사고를 경험했고, 더 오래전인 1989년 3월에는 미국 알래스카 해안에서 엑슨 발데즈호 기름 유출 사고가 일어났습니다. 이들을 포함하여 잊을 때쯤 한 번씩 발생하는 기름 유출 사고는 모두 해상에 떠 있는 유조선에서 발생한 사

고였어요. 이와 달리 딥워터 허라이즌호 사고는 수심 1,500미터의 심해에 묻힌 파이프에서 기름이 새어 나와 수중에 퍼지는, 바로 막을 수도 없는 데다 눈에 보이지 않는 심해의 오염원을 찾아내기도 어려운 심각한 사고였죠. 미국 해안 경비대와 BP에서 3개월 넘게 원유가 더 유출되는 것을 막으려고 다양하게 시도했지만 모두 실패했어요. 결국 우리나라 절반 이상 크기와 맞먹는 멕시코만 표면이 기름에 오염되었습니다. 마침 사고 해역이 멕시코만류Gulf stream라는 서안 경계류의 중심에서 가까워 자칫하면 유출된 기름이 해류를 타고 대서양까지 흘러가 전 세계로 피해가 퍼질 수 있다는 우려까지 나왔습니다. 다행히 이런 최악의 상황으로까지 치닫지는 않았지요.

당시 멕시코만 심해에서 유출된 기름의 양은 엄청났습니다. 우여곡절 끝에 9월 19일에야 사고가 난 유정의 밀봉에 성공했으니, 더 이상 기름이 유출되지 않도록 막는 데에만 5개월이 걸린 셈입니다. 5개월 동안 유출된 기름의 양은 77만 8,000킬로리터로 태안 기름 유출 사고의 60배가 넘는 양이었죠. 이 사고로 약 1,000억 달러 이상의 경제적 피해를 입었지만, 무엇보다 가장 심각한 문제는 해양 생태계의 파괴였습니다. 각종 동식물이 서로 의존하며 살아가는 해양 생태계가 무너지면 인류에게도 큰 피해를 주니까요.

특히 펠리컨같이 바다에 잠수해 먹이를 사냥하는 조류는 날개에 점성이 큰 기름이 묻으면 체온 조절이 불가능해서 저체온증으로 죽는다고 해요. 그 밖에도 고래, 물개 같은 수많은 해양 포유동물의 눈, 폐, 장기 등이 손상되었고, 바다 표면에 기름막이 생기면서 해양과 대기 사이의 산소 교환을 차단한 탓에 물속에서는 산소 공급이 원활하지 않아 해양 동물이 산소 부족에 시달리기도 했습니다. 게다가 바다 표면을 덮은 기름이 빛까지 막아 식물성 플랑크톤이 광합성을 할 수 없게 되어 산소 공급에 더욱 어려움을 겪었죠. 이런 상황이 계속되자 멕시코만 해양 생태계를 이루는 먹이 사슬의 모든 단계에 있는 생물이 피해를 받으면서 생태계가 어지러워지고 무너져 버렸습니다.

해양 생태계를 심각하게 파괴하는 기름 유출 사고는 계속되고 있습니다. 최근에는 2020년 7월 25일 화물을 운송하던 일본 MV 와카시오호가 인도양 모리셔스 해안에 좌초되어 약 1,165킬로리터가량의 기름이 유출되는 사고가 벌어졌죠. 이 사고로 신이 천국보다 먼저 창조했다고 할 정도로 아름다운 모리셔스 해안이 초토화되고 생태계가 파괴되었습니다. 당시 해안 경비대의 경고에도 불구하고 해당 선박 승무원들은 와이파이를 연결한다는 황당한 이유로 지나치게 연안 가까이 붙어 위험한 항해를 이어 갔다고 해요.

이 선박이 좌초한 지 12일이 지난 8월 6일부터는 파손된 연료 탱크에서 기름이 새어 나와 인근 바다를 오염시켰고, 모리셔스 정부는 다음 날인 8월 7일에 환경 비상사태를 선포합니다. 8월 16일에는 선박이 두 동강 나면서 화물칸에 있던 80퍼센트 정도가 가라앉았고, 모리셔스 정부는 남은 부분을 먼바다로 끌고 가서 물속에 가라앉혀 버렸습니다. 추가 오염과 해상 교통 방해를 막겠다는 것이었죠. 일본에서 파견된 전문가 팀과 환경 단체들은 주변 해양 생태계에 나쁜 영향을 준다며 배를 침몰시켜서는 안 된다, 다시 꺼내야 한다는 의견을 제시했지만 결국 실행하지 못했습니다. 이미 사고가 난 직후부터 떼죽음을 당한 돌고래 사체가 해변으로 밀려오는 등 모리셔스 주변의 해양 생태계가 파괴되고 있었고요.

쓰레기로 오염되는 바다

기름 유출 말고도 오늘날 인류는 여러 방식으로 해양을 오염시킨 대가를 치르고 있습니다. 해양오염 사례는 매우 다양해요.

생활 하수, 농축산 폐수, 중금속 물질, 유기 독성 물질뿐만 아니라 우리가 사용하고 버린 각종 쓰레기도 오늘날 해양오염 문제를 일으키는 주원인입니다.

우리나라는 2016년이 되어서야 해양 쓰레기 투기를 금지하기 시작했습니다. 시행 자체가 많이 늦은 것도 문제지만, 그전에 장기간 버려 왔던 각종 폐그물, 스티로폼 부표 같은 쓰레기들이 연안 바다를 심각하게 오염시키고 있었습니다. 이러한 쓰레기가 종종 선박이 운항할 때 위험을 불러오기도 하고, 해양 생태계도 파

괴하고 있죠.

2장 쓰나미 편에서 소개한 2004년 수마트라섬 지진해일, 2011년 동일본 지진해일을 기억하나요? 이때 지진해일이 해안가 일대의 집과 나무 등 모든 것을 흔적도 없이 휩쓸고 갔는데 다 어디로 갔을까요? 결국 모두 바다로 흘러갔습니다. 그렇다면 육지에 있던 이 물건들이 바다에서는 시간이 지나면 저절로 사라질까요? 그렇지 않습니다. 시간이 오래 지나면 잘게 부서지고 자연적으로 분해되는 물건도 많지만, 인공적으로 만든 물건은 잘 분해되거나 썩지 않고 계속 바다에 남아 있습니다. 해류를 타고 이동하던 해양 쓰레기는 해류로 둘러싸인 태평양, 인도양, 대서양 한가운데에 쌓이고요. 이렇게 해서 태평양 거대 쓰레기 섬Great Pacific Garbage Patch, GPGP이 만들어졌습니다.

인류가 만든 가장 큰 인공물이라는 태평양 거대 쓰레기 섬의 면적은 우리나라의 열여섯 배 정도이며, 이곳에 있는 해양 쓰레기의 무게만 수만 톤에 달할 거라고 추정합니다. 태평양 거대 쓰레기 섬은 1997년 항해사였던 찰스 무어가 처음 발견했죠. 그는 쓰레기 섬의 충격적인 모습을 본 뒤 환경운동가가 되었습니다. 이 쓰레기 섬에는 폐플라스틱과 폐그물 등이 많습니다.

해양 쓰레기 가운데 가장 큰 문제는 이처럼 자연적으로 잘 분해되지 않는 플라스틱 쓰레기입니다. 매년 바다로 유입되는 새로운 플라스틱 쓰레기는 800만 톤에 이른다고 합니다. 플라스틱 쓰레기는 해양 생태계와 인류를 크게 위협하고 있습니다. 현재 120여 종의 해양 포유류 가운데 약 54퍼센트, 절반 이상이 미세플라스틱 때문에 고통받고 있죠. 오래전부터 수많은 해양 생물이 폐그물에 걸리고, 코에 빨대가 꽂히거나 머리가 비닐봉지에 갇힌 채 호흡 곤란으로 죽어 가고 있고요.

지난 수십 년 동안 인류의 플라스틱 사용량은 빠른 속도로 늘

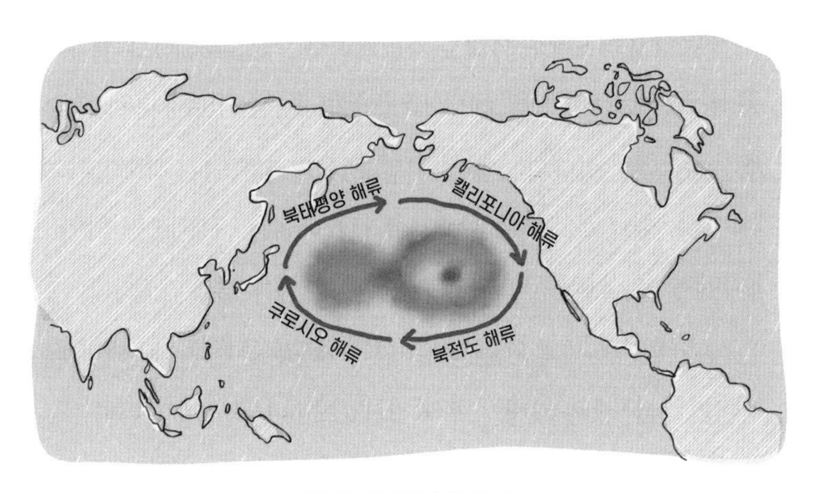

해류와 쓰레기 섬의 생성

었습니다. 구석기, 신석기, 청동기, 철기를 거쳐 지금은 '플라스틱 기'를 살고 있다는 우스갯소리를 할 정도니까요. 플라스틱은 자연적으로 분해되기 어렵습니다. 비닐봉지 하나가 완전하게 분해되는 데에만 무려 400년 이상 걸린다고 하죠. 플라스틱 페트병은 바다에 떠다니다 햇빛, 바람, 파도로 인해 부서지고 잘게 쪼개져 80일가량 지나면 우리 눈에 보이지 않는 작은 미세플라스틱으로 변합니다.

미세플라스틱을 플랑크톤 같은 작은 해양 생물이 먹이라고 생각해 먹고, 포식자에 해당하는 생물이 그 작은 해양 생물을 먹으면 미세플라스틱도 그대로 전달됩니다. 해양 포유류의 창자에서 수천 개의 플라스틱 조각이 발견되는 것도 이 때문이죠. 결국엔 먹이 사슬 최상위에 있는 사람도 미세플라스틱을 먹게 됩니다. 우리가 파괴한 해양 생태계의 끔찍한 모습이 부메랑이 되어 돌아오는 거예요. 뿐만 아니라 플라스틱 제품을 만들 때는 온실가스가 배출됩니다. 온실가스로 인해 지구온난화가 지속되면 태풍이나 홍수 같은 재해가 자주 발생하고, 이러한 재해는 바닷속 플라스틱을 더욱더 퍼뜨린다고 합니다. 결국 해양오염도 기후위기와 밀접한 관련이 있습니다.

최근에는 조금이나마 해양 플라스틱 문제의 심각성이 알려진 덕분에 사람들의 생각이 바뀌고 있습니다. 곳곳에서 플라스틱 사용 줄이기, 분리수거와 재활용 하기 등을 통해 플라스틱 쓰레기를 줄이려고 노력하고 있죠. 우리가 플라스틱 사용을 줄이는 활동은 해양오염과 해양 생태계 파괴라는 재난을 막는 방재 활동이라고도 할 수 있습니다.

앞에서 계속 대기 대순환을 설명했습니다. 적도와 위도 30도 사이의 저위도에는 해들리셀이 존재하며 무역풍이 우세하고, 위도 30도와 위도 60도 사이의 중위도에는 페럴셀이 존재하며 편서풍이 우세하다고 했죠. 저위도 해역의 해상에 부는 무역풍과 중

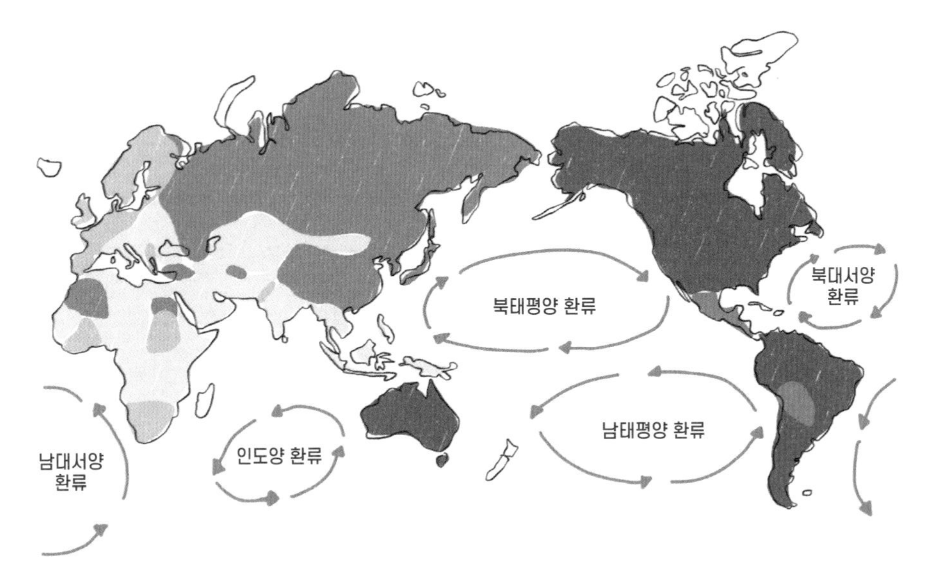

전 세계 바다의 환류

위도 해역의 해상에 부는 편서풍은 일정한 방향으로 흘러가는 바닷물의 운동인 해류를 만듭니다. 지구 자전으로 인한 힘이 작용하여 바람이 북반구에서는 운동 방향의 오른쪽, 남반구에서는 왼쪽으로 휘게 됩니다. 그러므로 북반구의 북동무역풍과 남반구의 남동무역풍은 열대 해역에서 서쪽으로 흐르는 해류(서향류)를 만들고, 북반구의 남서풍과 남반구의 북서풍인 중위도 편서풍은 중위도 해역에서 동쪽으로 흐르는 해류(동향류)를 만들죠. 이에 따라 북반구에서는 시계 방향, 남반구에서는 반시계 방향으로 회전하는 해류가 만들어집니다.

예를 들면 북태평양에는 일본 등 서쪽 경계를 따라(서안 경계류) 북쪽으로 흐르는 쿠로시오 해류, 중위도에서 동쪽으로 흐르는 북태평양 해류, 북아메리카 등 동쪽 경계를 따라(동안 경계류) 남쪽으로 흐르는 캘리포니아 해류, 그리고 열대 해역에서 서쪽으로 흐르는 북적도 해류로 둘러싸인 거대한 순환을 이루는 환류 구조가 존재합니다. 이 거대한 환류 구조의 안쪽은 해류 흐름이 약하므로 쓰레기들이 계속해서 환류 내부로 모이죠. 태평양에 거대 쓰레기 섬이 만들어지는 과학적 이유입니다.

해류로 둘러싸인 환류 구조는 북태평양에만 있는 것이 아니라 남태평양, 북대서양, 남대서양, 인도양에도 있습니다. 이 다섯 군데의 환류 안에는 모두 거대한 쓰레기 섬이 존재합니다. 쓰레기 섬에 존재하는 쓰레기의 양은 고작 몇 척의 배를 타고 가서 1~2개월 수거한다고 없앨 수 있는 수준이 아니예요. 수백 척, 수천 척의 배가 가서 수십 년 동안 수거 작업을 벌여도 모두 치울 수 있을지 의문이 들 정도로요. 천문학적인 비용을 들여서 자국의 관리 해역을 한참 벗어난 공해상 쓰레기를 수거하고, 그 처리 비용까지 감당하려는 국가는 없을 겁니다. 거대 쓰레기 섬의 쓰레기는 정확한 양과 규모, 분포를 파악하는 것조차 쉬운 일이 아니니까요.

해양 쓰레기를 치우는 오션 클린업

대규모로 나타나고 있는 거대 쓰레기의 해양오염 문제는 인류의 건강과 생명까지 위협하고 있습니다. 그런데 이 문제를 해결하겠다고 발 벗고 나선 사람들이 있어요. 네덜란드의 보얀 슬랫은 열여섯 살 때 그리스 바다에서 다이빙을 하다가 플라스틱 쓰레기로 뒤덮인 바다를 보고 충격받았다고 합니다. 그 뒤 슬랫은 해양 쓰레기 문제를 해결하는 방법을 고민하기 시작했죠. 슬랫이 떠올린 아이디어는 '해류에 의해 모여드는 쓰레기를 역으로 해류를 이용해 수거'하는 방법이었습니다. 그는 여러 해양과학자와 자원봉사자의 도움으로 2013년, 열여덟 살에 비영리 단체 오션 클린업The Ocean Cleanup을 설립합니다. 크라우드 펀딩으로 필요한 자금을 모으고, 아이디어를 구체화해 나가면서 해양 쓰레기 수거 장치 테스트도 진행했죠. 사람들의 의구심에도 불구하고 2014년 6월, 슬랫과 과학자들은 해류를 이용한 방법으로 태평양 거대 쓰레기 섬의 절반 정도를 없앨 수 있다는 것을 입증했습니다. 그리고 2018년 처음으로 수거 장치를 설치해 활용하기 시작했습니다.

이 수거 장치는 해상에 떠 있는 파이프 아래로 3미터 길이의 가림막이 달린 600미터 길이의 튜브를 조류 방향에 맞춰 U자 형태로 설치한 것입니다. 가림막 아래로 각종 해양 생물은 자유롭

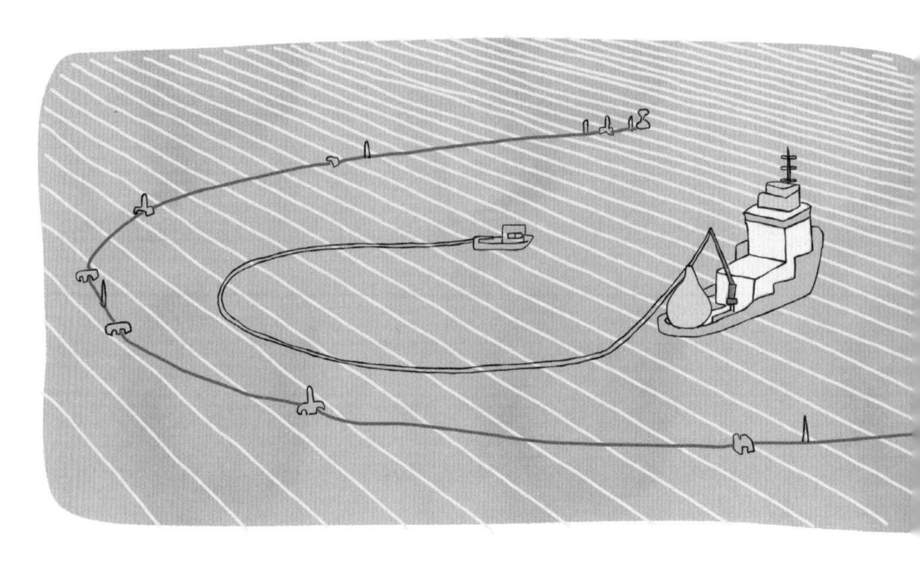

해양 쓰레기 수거 장치

게 통과할 수 있도록 하되, 해양 쓰레기는 튜브 안쪽에 모이도록 하는 원리예요. 바람, 파도, 해류 같은 해양 에너지를 이용해 떠다니는 파이프와 가림막이 저절로 쓰레기들을 모으기 때문에 별도의 큰 에너지가 필요하지 않으므로 오랜 기간 바다에 떠 있으면서 쓰레기를 수거할 수 있죠. 또한 빠른 속도와 적은 비용으로 거대한 양의 쓰레기를 수거할 수 있습니다.

오션 클린업의 노력은 수거 장치가 얼마나 효과적인지를 떠나 거대한 해양 쓰레기를 치우려는 좋은 시도입니다. 이 밖에도 오션 클린업은 2015년 '메가 탐사 프로젝트'를 진행해 서른 척의 선박을 이끌고 플라스틱 쓰레기 밀집 구역에 찾아갔습니다. 관측 전문가들과 여러 관측 장비를 활용해 현장 관측 데이터를 수집하는 한편, 그물로 플라스틱 쓰레기 조각들을 수거해 크기를 측정하고 색과 종류별로 분류하는 작업을 했죠. 또 오션포스원이라는 비행기를 동원하여 이 해역의 항공 탐사도 진행했고요. 앞으로 오션클린업이 태평양의 거대 쓰레기를 얼마나 치울 수 있을지 응원하며 지켜보면 좋겠습니다.

해양오염에서 살아남기 위해 기억해야 할 다섯 가지 기본 개념

첫째, 자연재해는 과학적 평가로 예측할 수 있습니다. 딥워터 허라이즌 호 사고로 해양 생태계 파괴가 심각하게 진행될 때도 유출된 기름이 해류를 타고 대서양까지 흘러가는 최악의 상황까지 치닫지 않고 그전에 막을 수 있었던 것처럼요. 당시 많은 해양과학자가 사고 해역에서 데이터를 수집해 분석하는 등 과학적 평가로 너무 늦지 않게 해결책을 찾은 덕택입니다. 또 오션클린업이 태평양의 거대 쓰레기를 수거하는 새로운 시도를 할 수 있던 것도 과학적 평가를 통해 바람, 해류, 파도를 활용하는 방안을 찾았기 때문입니다.

둘째, 자연재해 피해 효과를 파악하기 위해 위험 분석이 중요합니다. 우리가 버린 쓰레기가 바다로 흘러가 미세플라스틱이 되고, 이것이 해양 생태계의 먹이 사슬을 거쳐 우리에게 어떻게 피해를 주는지 위험을 분석함으로써 피해 효과를 파악했습니다. 이러한 분석이 플라스틱 사용을 줄이기 위한 사람들의 노력으로 이어질 수 있었죠.

셋째, 자연재해와 물리적 환경, 그리고 서로 다른 재해 사이에는 밀접한 관련이 있습니다. 우선 거대 쓰레기 섬은 해류에 둘러싸여 바닷물이 내부로 모이는 환류의 물리적 특성 때문에 만들어졌습니다. 그리고 수마트라 섬과 동일본에서 일어났던 지진해일로 인해 막대한 쓰레기가 인도양과 태평양으로 모두 쓸려 갔던 경험은 해양오염이 지진해일이라는 다른 재해와 밀접한 관련이 있다는 사실을 알려 줍니다.

넷째, 과거의 재난이 미래에는 더 큰 재앙이 될 수 있습니다. 예전부터 기름 유출 사고로 인한 해양오염이 상당히 자주 일어났습니다. 그런데 2010년 딥워터 허라이즌호 사고는 이전에는 보지 못한 규모와 형태로 바다에 엄청난 기름을 유출했죠. 언제든지 선박 침몰 사고가 일어날 수 있다는 사실을 인지하고, 주의하지 않는다면 딥워터 허라이즌호 사고보다 훨씬 심각한 기름 유출 사고가 일어날 수 있습니다.

다섯째, 자연재해 피해는 얼마든지 줄일 수 있습니다. 우리가 과학적 이해를 바탕으로 오션 클린업처럼 혁신적인 아이디어들을 모아 적극적으로 해양오염 문제에 대처한다면 말이죠.

바다를 오염시키는 주범인 플라스틱 사용을 줄일 수 있는 여러 실천 방법이 있습니다. 귀찮더라도 조금만 노력하면 재활용도 하고 쓰레기도 줄일 수 있죠.

집에서 용기를 가지고 가면 세제, 화장품, 음식 등 내용물만 구매할 수 있는 제로웨이스트 가게 또는 리필스테이션이 있습니다. 생분해가 가능하거나 천연 재료로 만든 제품들을 판매하죠. 우리 집 주변에 이런 가게가 있는지 확인하고, 근처에 있다면 한번 이용해 보세요.

늘 장바구니를 가지고 다니는 습관을 기르면 장을 볼 때 비닐봉투 사용을 줄일 수 있습니다.

플라스틱 제품은 제품의 아래나 옆면에 플라스틱 종류가 표시되어 있으니, 재활용이 가능한 플라스틱은 라벨을 제거하고 씻어서 버리면 재활용할 수 있습니다.

텀블러를 가지고 다니면서 물을 마시거나 카페를 이용하면 사실상 재활용하기 힘든 일회용 컵 사용을 줄일 수 있습니다.

카페에 텀블러를 가지고 다니는 것처럼 식재료나 음식을 구매할 때 밀폐용기 또는 반찬통 등을 준비해서 담아 오는 방법도 있습니다. 다회용 용기를 가져오면 할인해 주는 상점도 있죠. 포장하러 가기 전 다회용 용기를 사용할 수 있는지 전화로 물어보면 좋습니다.

어린아이나 이가 불편해서 반드시 빨대를 사용해야 하는 경우가 아니라면 플라스틱 빨대를 사용하지 않는 것이 좋습니다. 빨대를 사용해야 한다면 스테인리스 소재나 실리콘 소재 등 다양한 소재로 만든 다회용 빨대를 사용해 보세요.

일반 치약 대신 고체 치약을, 물비누나 일반 샴푸 대신 비누와 샴푸바를 사용하면 플라스틱을 줄일 수 있습니다. 요즘은 고체로 된 주방세제도 나오고 있죠. 자주 바꾸어야 하는 수세미도 천연 수세미를 사용하면 좋습니다.

12 극지 빙하

이 순간에도 녹고 있는
얼음 덩어리

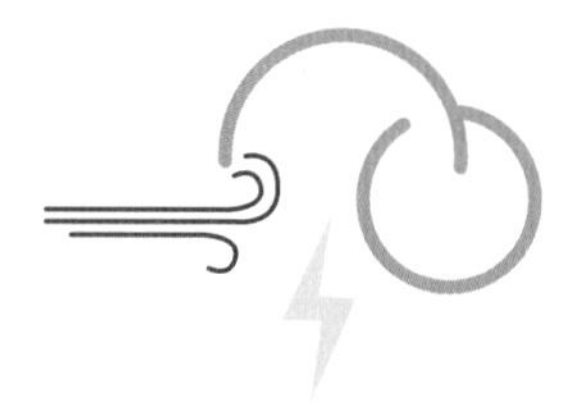

물은 바닷물이 증발하고 구름이 되었다가 비의 형태로 지상에 내려와 지하수와 강을 통해 다시 바다로 흘러가는 방식으로 순환합니다. 전 지구적 물 순환이라고 하죠. 한편 고위도 지역에서는 비 대신 눈이 내리고, 그 눈이 누적되어 새로운 빙하를 만들고요. 극지방이나 고산 지대 등 추운 고위도 지역에서는 눈이 얼음 형태로 계속 얼어 있는데, 바다 다음으로 지구 위의 많은 물이 빙하 형태로 존재하죠. 빙하도 항상 일정한 것이 아니라 부서지고 녹아서 바다로 흘러가며 사라지는 게 맞지만, 지구온난화로 빙하가 사라지는 속도가 점점 빨라지고 있습니다. 지금부터라도 이런 상황에 대처하지 않으면 해수면 상승, 극단적인 기상재해 등 큰 피해로 이어질 수 있습니다.

빙하의 종류와 움직임

지구의 빙하는 여러 형태로 존재하고 있습니다. 고산 지대에는 권곡빙하cirque glaciers, 곡빙하valley glaciers, 산록빙하piedmont glaciers가 있습니다. 권곡빙하는 반달 모양으로 우묵하게 된 지형 안에 있는 비교적 작은 빙하, 곡빙하는 골짜기를 따라 흘러내리는 빙하, 산록빙하는 곡빙하가 발달해 하류까지 뻗어서 산지의

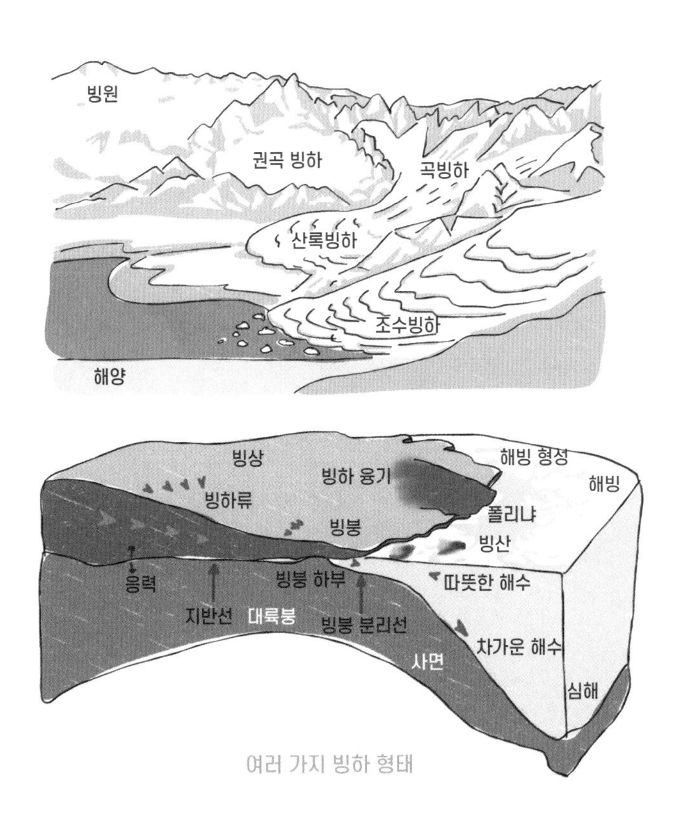

여러 가지 빙하 형태

가장자리에서 평야까지 밀려 나온 것을 말합니다. 빙하는 대륙을 덮고 있는 두꺼운 얼음덩어리로 거대한 면적을 차지하는 빙상ice sheet 또는 대륙 빙상 형태로도 존재합니다. 그런가 하면 산 정상과 고원을 덮고 있는 빙상보다 작은(5만제곱킬로미터 이내 면적) 규모의 빙모ice cap 도 있죠. 또 바다로 흘러나와 바다 위에 떠 있는 거대한 얼음 덩어리를 가리키는 빙붕ice shelf, 바닷물이 심하게 냉각되어 해상에서 만들어지는 해빙sea ice도 있고요. 여러 형태의 빙하 가운데 가장 큰 것이 빙상입니다. 지구 위 빙상은 그린란드 빙상과 남극 대륙 빙상, 단 두 곳에 집중되어 있습니다.

북반구의 그린란드 빙상은 두께가 1,500미터, 면적은 170만제곱킬로미터이며, 남극 대륙 빙상은 두께가 최대 4,300미터, 면적은 1,390만제곱킬로미터로 그린란드 빙상보다 훨씬 큽니다. 오늘날 심각한 문제로 떠오른 해수면 상승도 이 두 빙상으로부터 얼마나 많은 빙하가 녹아서 바다로 흘러갈지가 관건입니다.

빙하는 한자리에 고정된 것이 아니라 서서히 움직이고 있습니다. 다음 그림은 노르웨이에 있는 곡빙하의 움직임을 보여 줍니다. 그림 위쪽 해발 1,689미터의 고산 지대는 계속 눈이 쌓여 얼음이 만들어지는 곳입니다. 화살표로 표시한 부분이 해발 600미터의 낮은 지대 쪽으로 얼음이 서서히 흘러내려 오는 곳이고요.

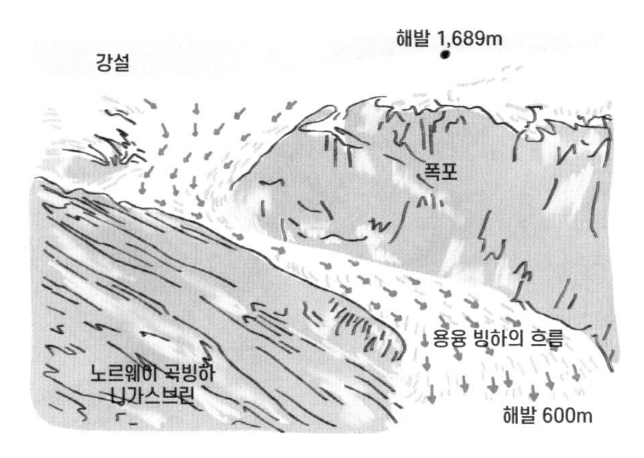

노르웨이 곡빙하의 움직임

과학자들은 빙하의 끄트머리에 말뚝을 박아서 그 말뚝의 변화로 빙하의 움직임을 관찰하는데, 중심부에서는 빠르게, 측면에서는 조금 천천히 내려오는 특성을 보입니다.

빙하가 움직이다 보면 독특한 지형 구조가 나타납니다. 눈이 쌓이고 얼음이 계속 생기는 곳을 누적 지역이라고 하고, 눈이 녹는 부분과 녹지 않는 부분의 경계선인 설선snow line을 지나면 그 아래는 쌓이는 눈보다 녹는 눈이 더 많은 소모 지역이 됩니다. 설선에서 소모 지역으로 내려오다 보면 얼음이 갈라지고 쪼개져서 생긴 틈이 나타나는데, 크레바스crevasses라고 하죠. 크레바스는 10미터 안팎으로 갈라져 있어 아래에는 얼음이 녹은 물이 흐르기

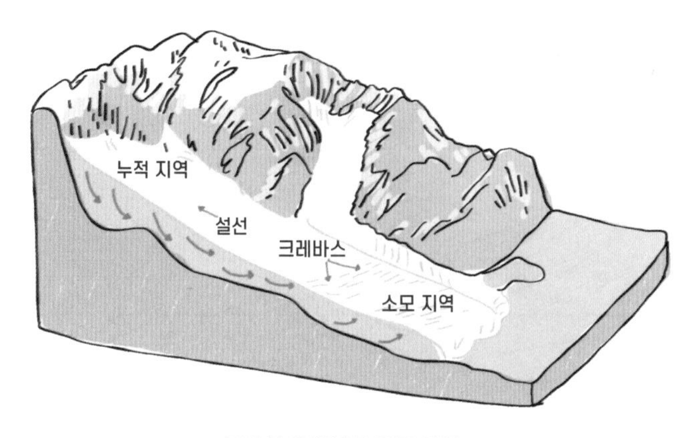

빙하의 움직임이 만든 지형

도 하고, 깊이가 수십 미터에 달하기도 해서 매우 위험합니다.

이렇게 빙하가 갈라지고 조각나면서 떨어져 나오는 덩어리가 빙괴입니다. 바다를 마주하는 곳에서 빙괴가 분리되면 거대한 빙산iceberg이 만들어져 바다 위를 떠다닙니다. 극지방의 결빙 해역에서 선박을 운항할 때는 거대한 빙산을 잘 피하는 것이 중요하죠.

타이태닉호를 침몰시킨 빙산

과학자들은 인공위성 원격탐사 방법으로 그린란드 빙상과 남극 대륙 빙상으로부터 떨어져 나온 빙산들을 추적하고 있습니다. 특히 서남극 로스해에서 발견되는 빙산 B-15는 면적이 매우 넓고

길이도 100킬로미터 이상으로, 서울에서 대전까지의 거리에 해당하는 얼음 덩어리가 바다 위를 돌아다니고 있는 셈이죠.

빙산도 얼음이라서 바닷물보다 밀도가 작아 바다 표면에 떠 있습니다. 다만 전체 덩어리의 대부분은 바닷물에 잠겨 있고 일부만 수면 위로 드러나 있죠. 우리 눈에 보이는 부분보다 가라앉아 있는 부분이 더 크기 때문에 '빙산의 일각'이라는 표현이 생겨났습니다. 하지만 빙산의 일각에도 선박이 충돌하면 사고가 발생합니다. 역사상 최악의 해난 사고로 기록된 타이태닉호 침몰 사례가 대표적이죠.

1912년 영국에서 출발한 여객선 타이태닉호가 빙산에 부딪혀 침몰하면서 승객 2,200명 가운데 1,500명 이상이 수심 4,000미터 심해에 수장되었습니다. 당시 타이태닉호 관계자들은 최첨단 기술로 만들어졌기에 절대 가라앉지 않는다고 자신했지만 허무하게 침몰했고, 이 비극적 사고는 1997년 제임스 카메론 감독의 영화 〈타이타닉〉으로도 만들어졌습니다. 타이태닉호 침몰 사고는 거대한 대자연 앞에 인류의 과학 기술이 얼마나 무력한지 확인시켜 주는 계기가 되기도 했죠.

빙산에 부딪힌 뒤 침몰하거나 빙산으로 인해 선박이 고립되는 사고는 지금도 계속 일어나고 있습니다. 최근에는 인공위성을 이용해 빙산을 감시하고 쇄빙선을 통해 얼음을 깨면서 결빙 해역을 운항하는 등 각종 첨단 기술을 활용하고 있죠. 그럼에도 여전히 결빙 해역에서 선박을 운항하는 것은 인류에게 위험한 도전으로 남아 있습니다.

사라지는 그린란드 빙상과 남극 대륙 빙상

누적 지역에서 새로운 빙하가 계속 공급되어도 소모 지역에서 빙하 손실이나 빙괴 분리를 통해 계속 빙산으로 떨어져 나가면 빙하의 두께와 면적이 줄어듭니다. 여기서 중요한 것은 새로 만들어지는 빙하량과 사라지는 빙하량 사이의 균형입니다. 특히 가장 규모가 큰 두 빙상, 그린란드 빙상과 남극 대륙 빙상의 생성과 소실 사이의 균형이 전 지구적 물 순환에서 가장 중요하죠.

과학자들이 인공위성 원격탐사 방법으로 수집한 데이터를 통해 최근 20년 동안 두 거대 빙상의 두께 변화를 확인해 보면, 균형 상태와는 거리가 멉니다. 새로 생기는 빙하보다 사라지는 빙하가 월등히 많거든요. 해마다 조금씩 다르나 평균적으로 그린란드 빙상에서 매년 사라지고 있는 빙하는 무려 281기가톤gigatonne, 즉 2,810억 톤에 달합니다. 세계 인구 77억 명이 1인당 매년 36톤,

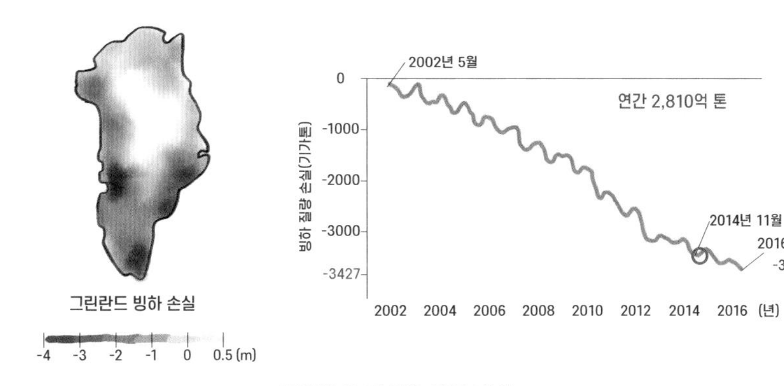

그린란드 빙하의 질량 변화

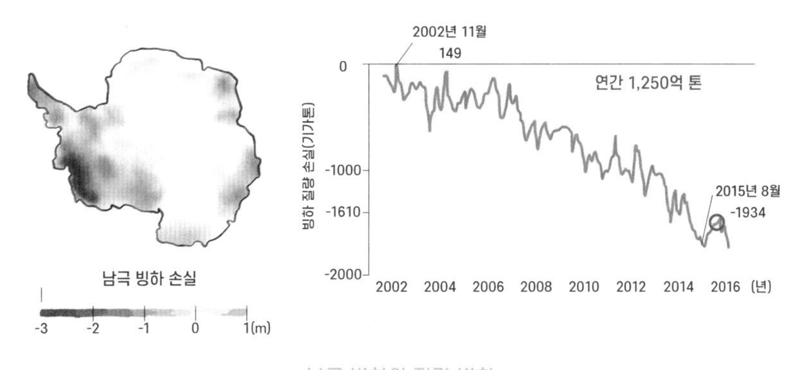

남극 빙하의 질량 변화

한 달에 3톤씩 그린란드 빙상을 녹인 것과 같습니다. '녹인 것'이라고 표현한 이유는 빙상 소실의 원인이 산업화 이후 인간 활동에 따른 온실효과 강화와 지구온난화이기 때문입니다. 그린란드 빙상보다는 조금 적지만 남극 대륙 빙상에서도 매년 어마어마한

양의 빙하가 사라지고 있는데, 평균적으로 매년 약 125기가톤, 즉 1,250억 톤의 빙하가 사라지고 있죠. 세계 인구 77억 명이 1인당 매년 16톤, 한 달에 1.4톤씩 남극 대륙 빙상을 녹인 셈입니다.

15년 동안 그린란드 빙상과 남극 대륙 빙상에서 사라진 총 6조 5,000억 톤 정도의 빙하가 모두 바다로 흘러들어 갔으니 해수면이 올라갈 수밖에 없습니다. 지구온난화로 지구에 쌓인 복사열 에너지의 90퍼센트 이상이 바다에 흡수되면서 바닷물의 수온이 상승한 탓에, 빙하가 녹지 않아도 열팽창으로 부피가 늘어 이미 해수면은 상승하고 있었습니다. 여기에 두 거대 빙상에서의 빙하 손실이 누적되면서 해수면이 상승하는 속도가 점점 빨라지고 있죠.

전 지구적 평균 해수면 상승에 제대로 대처하지 못한다면 앞으로 지구촌 곳곳에서 자연재해 피해 규모가 빠르게 늘어나는 상황을 막기 어려울 거예요. 1장 태풍 편에서 소개한 것처럼 중심부의 기압이 낮은 태풍이 근접하면 해수면을 누르는 힘이 약해져 해수면이 높아지고, 폭풍해일이 일어나 해안 저지대가 침수됩니다. 더욱이 평균 해수면이 상승할수록 같은 세기의 태풍이라도 해수면이 낮을 때보다 폭풍해일의 피해 규모가 훨씬 커질 수 있습니다. 중심 기압이 같아도 평균 해수면이 높아진 상태에서 폭풍해일이 해수면을 더 높이고, 그런 만큼 안쪽 내륙의 깊숙한 곳까지 침수 피해를 가져오니까요. 과거에는 폭풍해일이 해안가에만 피해를 주었다면, 앞으로는 내륙 깊숙이 자리 잡은 해안가 대도시까지 큰 피해를 주는 거죠. 갈수록 더욱 위력적인 태풍이 만들어진다는 점을 고려하면, 평균 해수면 상승과 더 강력해진 폭풍해일이 서로 만나 1+1이 2가 아니라 10이 될 수도 있다는 점을 명심하고 대응책을 마련해야 합니다.

전 지구적 해수면 상승 속도가 빨라지면서 2100년엔 평균 해수면이 1미터 이상 상승할 수도 있다고 예측하고 있습니다. 물론 기후변화 시나리오에 따라 해수면 상승 정도는 뚜렷한 차이를 보이지만, 이미 투발루나 몰디브처럼 국토 전체가 물에 잠길 위기에 놓인 국가들이 있습니다. 이대로라면 우리나라도 2030년에는 인천국제공항이 침수되고, 경기도에서만 100만 명 이상 영향받을 것으로 보고 있습니다. 따라서 해수면 상승에 따른 연안 지역의 예상 피해 정도를 분석하고 대응책을 마련하는 것이 매우 중요하죠. 미래에 평균 해수면이 어떤 속도로 얼마나 상승하게 될지, 어떤 지역에 어느 정도의 해수면이 상승할지 등을 예측하는 일은 불확실성을 가지고 있습니다. 이러한 예측 불확실성을 줄이려는 노력은 물론이고 매우 극단적 재난 상황이 올 수도 있으므로 충분히 대비해야 합니다.

예측이 불확실한 해수면 상승

전 지구적 해수면 상승을 확실하게 예측할 수 없는 요인 가운데 하나가 남극 대륙 빙상의 손실입니다. 남극 대륙 빙상의 전체 손실량은 그린란드 빙상 전체 손실량에 비해 절반 정도입니다. 그런데 남극 대륙 빙상의 두께가 줄어드는 곳은 지역마다 차이가 커서 얼음이 매우 빠르게 사라지는 곳이 있는가 하면, 천천히 사라지거나 오히려 얼음이 늘고 있는 곳도 있죠. 동남극에서는 얼음이 별로 사라지지 않고 있지만, 서남극에서는 심지어 그린란드 빙상보다 더 빠르게 얼음이 사라지고 있는 곳이 있습니다.

그 가운데 빙하가 가장 빠르게 사라지는 곳이 서남극의 스웨

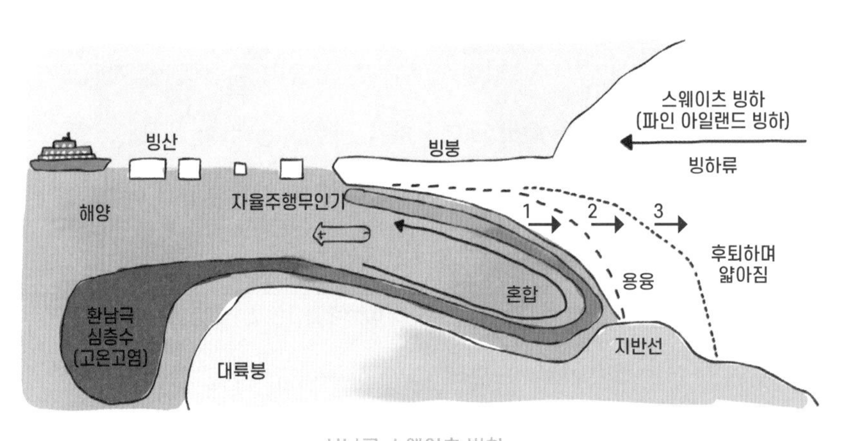

서남극 스웨이츠 빙하

이츠 빙하입니다. 이 빙하는 서남극 안쪽에 있는 여러 두꺼운 빙하가 바다로 흘러 나가지 않도록 막는 코르크 마개 같은 역할을 하고 있어요. 스웨이츠 빙하가 완전히 녹아 버리면 안쪽에 있는 서남극 전체 빙상이 스웨이츠 빙하 쪽으로 흘러내려 해수면이 더욱 빨리 상승할 수도 있습니다. 그래서 스웨이츠 빙하를 '운명의 날 빙하Doomsday Glacier'라고 부르기도 하죠.

그린란드 빙상은 원래 기온이 높아서 표층부터 녹지만 남극 대륙 빙상은 어는점보다 높은 온도의 따뜻한 바닷물이 빙붕의 아래쪽을 파고들어 가며 녹이고 있습니다. 따라서 빙하가 더 빠르게 흘러나오고, 빙붕을 쉽게 무너뜨립니다. 서남극 스웨이츠 빙하가 있는 지역은 빙붕 아랫부분의 따뜻한 바닷물, 즉 환남극 심층수라고 부르는 고온수의 유입을 감시하는 것이 중요합니다.

환남극 심층수는 수온과 염분이 모두 높습니다. 그래서 밀도가 크다 보니 대륙붕 해저의 깊은 골짜기를 따라 스웨이츠 빙붕 아래 쪽으로 유입되어 파고들죠. 환남극 심층수가 스웨이츠 빙하와 해저 지반이 맞닿은 부분(지반선)을 녹이고 있는 거예요. 이렇게 빙붕 아랫부분을 녹이다 보면 점점 안쪽으로 들어가게 되고, 많은 양의 물이 침투해 사면 안정도를 약하게 만들어 산사태가 발생하는 원리처럼 심층수가 빙붕 아랫부분을 녹여 빙상의 전체

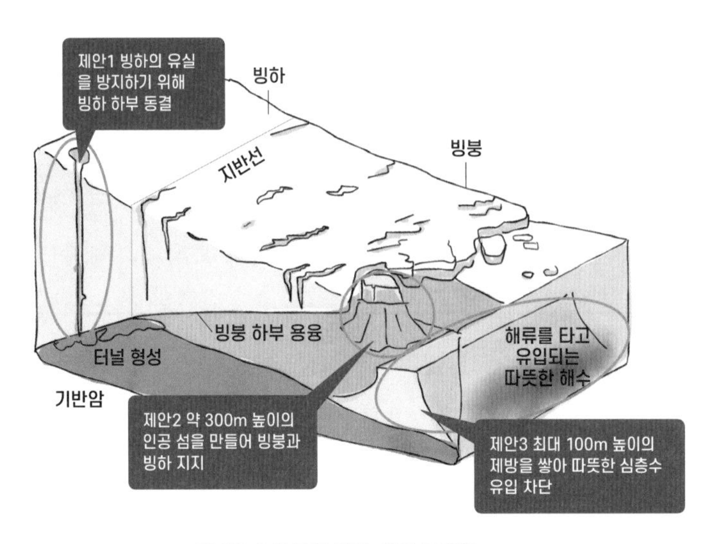

서남극 스웨이츠 빙하 문제 해결책

안정도를 해치고 빙상을 무너뜨릴 수도 있습니다.

앞으로 해수면 상승이 어떻게 진행될지 확실하게 알 수 없는 요인으로 서남극 스웨이츠 빙하 문제가 떠오르자, 최근에는 몇몇 지구공학geoengineering 아이디어가 제시되고 있습니다. 예를 들면 첫째, 스웨이츠 빙하에 구멍을 뚫은 뒤 심층수가 들어오는 빙붕 아랫부분 지반선 부근의 물기를 제거해 강제로 얼리는 방법입니다. 둘째, 300미터 높이의 원기둥으로 된 인공 섬을 빙붕이 바다 쪽으로 흘러나오는 곳에 설치하여 빙붕이 더 이상 흘러나오지 못하게 막는 방법입니다. 셋째, 빙붕 아랫부분 심층수가 들어오는 경로에 100미터 높이의 제방을 쌓아 따뜻한 심층수가 들어오는 것을 막는 방법입니다.

이 같은 지구공학 혹은 기후공학climate engineering 아이디어는 신중하게 적용해야 합니다. 대규모 공학적 수술을 통해 섣불리 지구 환경을 조절하려다가 심각한 부작용이 나타날 경우 인류 전체를 멸망으로 몰고 갈 수도 있으니까요. 그전에 먼저 지구 환경의 과학적 작동 원리를 충분히 이해하는 것부터 시작해야 합니다. 여기에 공학적 방법으로 인위적 조절을 시도할 때 발생할 수 있는 여러 부작용을 과학적으로 면밀히 검토해야 하고요.

우리는 어떤 계획을 세우고 실행에 옮기다가 당초 계획인 플랜 Aplan A가 뜻대로 안 되면, 플랜 Bplan B라는 차선책을 선택할 수 있습니다. 그러나 우리 지구, 플래닛planet에는 B가 없고 오직 A만 있습니다There is no planet B, only planet A. 단 하나뿐인 지구에 지구공학 혹은 기후공학적 수술을 시도할 때 아주 신중하게 결정해야 하는 이유입니다.

빙하에서 살아남기 위해 기억해야 할 다섯 가지 기본 개념

첫째, 자연재해는 과학적 평가로 예측할 수 있습니다. 기후위기 속에서 지구온난화로 빠르게 사라지고 있는 빙하의 변화를 과학적으로 평가하는 것은 해수면 상승을 예측할 때 매우 중요하죠. 특히 예측 불확실성을 줄이려면 서남극 스웨이츠 빙하로 들어오는 따뜻한 바닷물을 지속적으로 감시해야 합니다.

둘째, 그린란드 빙상과 남극 대륙 빙상이 빠른 속도로 손실되면서 수온이 오르고 열팽창 효과가 더해져 전 지구적 해수면 상승이 더욱 빨라지고 있습니다. 미래 해수면 상승에 따라 예상되는 피해 효과와 우리나라 주변 연안의 재해 취약성 지도를 준비하는 것 같은 위험 분석이 더욱 중요해졌죠. 위험 분석이 자연재해 피해 효과를 파악하는 데 중요하다는 개념을 여기에 적용할 수 있습니다.

셋째, 자연재해와 물리적 환경, 그리고 서로 다른 재해 사이에는 밀접한 관련이 있습니다. 빙하 손실량은 지형과 따뜻한 바닷물의 유입 등 물리적 환경과 관련성이 아주 큽니다. 또 빙하가 사라지며 상승한 평균 해수면은 태풍으로 인한 폭풍해일이 발생할 경우 더 심한 해안 저지대의 침수 피해를 부르죠. 이처럼 빙하 문제와 서로 다른 재해들 사이의 관련성을 확인할 수 있습니다.

넷째, 과거의 재난이 미래에는 더 큰 재앙이 될 수 있습니다. 사라지는 빙하와 전 지구적 해수면 상승은 이미 바닷물이 차오르기 시작한 섬나라 투

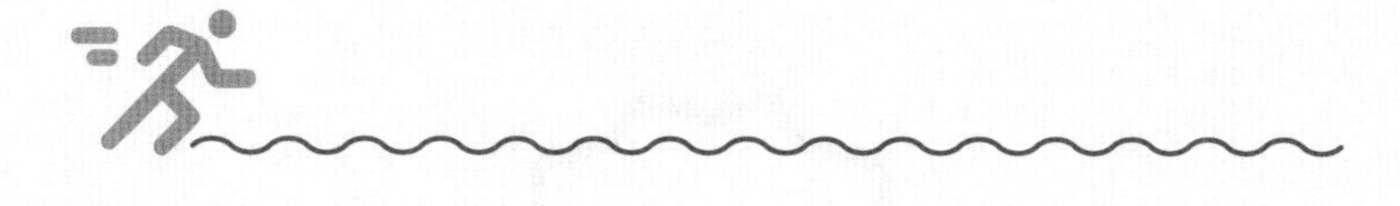

발루나 몰디브 같은 일부 국가만의 문제가 아닙니다. 우리나라를 포함한 전 세계 연안에서 해수면 상승이 본격적으로 진행되기 시작하면 상상할 수 없을 만큼의 피해를 줄 수 있습니다. 더 큰 재앙이 되기 전에 지금부터 철저히 대비해야 하죠.

다섯째, 자연재해 피해는 줄일 수 있습니다. 크레바스 사고나 타이태닉호 침몰을 비롯한 각종 극지 재해와 사라지는 빙하 등 인류가 겪고 있는 기후위기는 막을 수 없는 지구 종말 시나리오가 아닙니다. 지구 환경의 숨은 과학적 작동 원리를 잘 이해하고, 과학적 데이터에 근거한 공학적·기술적 해결책과 사회·경제적인 해결책을 동시에 찾아 나간다면 위기를 극복할 수 있습니다.

지금은 언제든지 자연재해가 닥칠 수 있습니다. 이럴 경우를 대비해 재난 생존 가방인 비상용 백Go Bag을 꾸려 보세요. 대피할 때 필요한 물품을 배낭처럼 튼튼하고 휴대가 편리한 가방에 넣어 둡니다. 집에서도 최소 3일 동안 자립적으로 생존하기에 충분한 생필품을 준비해 두고요. 재난이 발생하면 가족이 헤어질 경우를 대비하여 다시 만날 장소로 대책본부에서 지정한 대피소와 친척 집 등 두 곳을 정합니다. 행정안전부가 운영하는 국민재난안전포털에서 제시한 비상 대비 용품은 다음과 같습니다.

비상용 백 준비물

- 비상식량, 음료수, 손전등, 건전지, 성냥, 라이터, 휴대용 라디오, 비상의류, 속옷, 병따개, 화장지, 수건, 구급용품, 귀중품(현금·보험증서), 안경 등 생활용품, 생리용품, 종이기저귀
- 귀중품과 중요한 서류: 중요한 서류는 방수가 되는 비닐에 보관

- 여분의 자동차 키와 집 열쇠 세트
- 신용카드, 현금카드와 현금
- 편안한 신발, 가벼운 우비, 얇은 담요, 보온력이 좋은 옷 등
- 가족 연락처, 행동 요령, 지도 등이 있는 재해 지도 또는 수첩

집에 두어야 할 생필품

- 식량은 15~30일분 정도 준비
- 가공식품: 라면, 통조림 등
- 식기(코펠), 버너, 부탄가스
- 중요한 서류는 방수가 되는 비닐에 보관
- 담요, 따뜻한 옷, 비옷
- 기타 필요한 물품: 물, 응급약품, 개인용품(비누, 치약, 칫솔, 수건 등), 라디오, 배낭, 휴대폰, 전등, 양초, 라이터, 비누, 소금, 생리용품, 배터리, 신발, 장갑, 소화기 등

나가며

아직 희망은 있다

과학자들이 오랫동안 경고해 왔듯이 기후위기가 점점 심해지며 인류를 더 이상 물러설 곳 없는 벼랑 끝으로 내몰았습니다. 이제 급변하는 기후에 최대한 적응하며 조금이라도 그 속도를 늦추도록 만드는 노력 말고는 다른 길이 없습니다. 급변하는 기후는 우리가 그동안 알아낸 자연재해의 특성도 변화시키며 신종 자연재해를 점점 더 많이 일으키겠죠. 결국 자연재해가 진화하는 속도보다 우리가 더 빠른 속도로 과학적으로 이해하고 자연재해를 철저히 대비하지 않는다면, 기후위기와 함께 찾아올 자연재해 피해 규모가 빠르게 늘어나는 상황을 막기는 매우 어렵습니다.

그러나 아직 희망은 있습니다. 그 희망을 찾는 일은 과학에서 출발해야 합니다. 산업화 이후 인위적인 기후변화를 가져와 인류가 사느냐 마느냐 하는 위협에 빠뜨린 것도 과학 기술의 발전에 따른 것이지만, 기후변화를 늦추는 동시에 변화하는 기후에 적응하며 지속 가능한 사회로 바꾸려면 다시 과학 기술에 의존할 수밖에 없습니다. 다만 과학 기술을 산업화 이후부터 지금까지 활용해 온 방식이 아니라, 자연과 공존하는 방식으로 잘 활용한다면 더는 '소 잃고 외양간 고치는' 어리석음을 저지르지 않겠죠.

자연도 인간처럼 애정을 가지고 자세히 살펴보며 이해하려고 노력할 때만 평화로운 공존이 가능합니다. 지구 환경의 숨은 과학적 원리를 찾아내고, 자연재해를 좀 더 빠르고 정확하게 관측하고 예측하기 위해 노력하는 모든 사람에게 박수를 보내며, 이 책의 출판을 맡은 플루토에도 감사드립니다.

기후위기가 심화시킨 자연재해를 대하는 우리의 태도

천재지변에서 살아남는 법

1판 1쇄 발행 | 2023년 3월 20일
1판 3쇄 발행 | 2023년 10월 4일

지은이 | 남성현
펴낸이 | 박남주
편집자 | 박지연
펴낸곳 | 플루토

출판등록 | 2014년 9월 11일 제2014-61호
주소 | 10881 경기도 파주시 문발로 119 모퉁이돌 3층 304호
전화 | 070-4234-5134
팩스 | 0303-3441-5134
전자우편 | theplutobooker@gmail.com

ISBN 979-11-88569-43-4 03400

• 책값은 뒤표지에 있습니다.
• 잘못된 책은 구입하신 곳에서 교환해드립니다.
• 이 책 내용의 전부 또는 일부를 재사용하려면 반드시 저작권자와 플루토 양측의 동의를 받아야 합니다.
• 이 책에 실린 사진 중 저작권자를 찾지 못하여 허락을 받지 못한 사진에 대해서는 저작권자가 확인되는 대로 통상의 기준에 따라 사용료를 지불하도록 하겠습니다.